高等数学教程

上册

主　编　靳志同　张鹤翔
副主编　任晴晴　洪明理

清华大学出版社
北京交通大学出版社
·北京·

内容简介

本书是根据教育部颁布的高等院校数学课程教学的基本要求,并从新工科建设要求和应用型人才培养出发,结合编者多年的课程建设和教学经验编写的一本适合理工科专业的教材。

本书共 6 章,内容主要包括函数与极限、导数与微分、微分中值定理与导数的应用、不定积分、定积分、微分方程。同时,编者结合专业特色,加入了高等数学在地震学相关知识中的应用。

本书可作为普通高等院校非数学专业的本科教材,也可以供相关教师和工程技术人员参考。

本书封面贴有清华大学出版社防伪标签,无标签者不得销售。
版权所有,侵权必究。侵权举报电话:010-62782989 13501256678 13801310933

图书在版编目(CIP)数据

高等数学教程. 上册 / 靳志同, 张鹤翔主编. ―北京: 北京交通大学出版社 : 清华大学出版社, 2024.6
ISBN 978-7-5121-5126-0

Ⅰ. ①高… Ⅱ. ①靳… ②张… Ⅲ. ①高等数学-高等学校-教材 Ⅳ. ①O13

中国国家版本馆 CIP 数据核字(2024)第 000534 号

高等数学教程・上册
GAODENG SHUXUE JIAOCHENG・SHANG CE

责任编辑:韩素华

出版发行:清 华 大 学 出 版 社   邮编:100084   电话:010-62776969
         北京交通大学出版社   邮编:100044   电话:010-51686414
印 刷 者:北京时代华都印刷有限公司
经   销:全国新华书店
开   本:185 mm×260 mm   印张:9.75   字数:250 千字
版 印 次:2024 年 6 月第 1 版   2024 年 6 月第 1 次印刷
印   数:1~1 000 册   定价:39.00 元

本书如有质量问题,请向北京交通大学出版社质监组反映。对您的意见和批评,我们表示欢迎和感谢。
投诉电话:010-51686043,51686008;传真:010-62225406;E-mail:press@bjtu.edu.cn。

前 言

高等数学是高等教育课程体系中的一门重要的基础理论课,本书是按照教育部颁布的高等院校数学课程教学的基本要求,为普通高等教育理工类相关专业编写的一本高等数学教材。同时,编者结合专业特色,加入高等数学在地震学相关知识中的应用,以达到让学生在分析专业问题时具有一定的分析和推理能力的目的。

本书旨在培养学生抽象思维和逻辑思维能力,以及分析并解决问题的能力,为学生进一步学习后续课程打下扎实的基础。本书在编写过程中加入了很多几何图形,能够帮助学生理解相关数学概念,同时加入了很多地震学相关知识,能够帮助学生将数学知识与专业知识有机结合在一起,这是编者的创新之处。

本书由靳志同、张鹤翔担任主编,任晴晴、洪明理担任副主编。其中,第1、6章由洪明理编写,第2、3章由任晴晴编写,第4、5章由张鹤翔编写,各章中高等数学在地震学中的应用由靳志同编写。王福昌教授和赵宜宾教授等同事对本书内容的撰写和内容安排给予了指导和帮助,万永革研究员对书中有关地震学知识进行了指导和帮助,在此一并感谢!

由于编者水平有限,书中难免有不妥之处,恳请专家、同行和广大读者批评指正。

编 者
2024 年 3 月

目　录

第 1 章　函数与极限 ··· 1

1.1　函数 ·· 1
1.2　数列的极限 ·· 12
1.3　函数的极限 ·· 14
1.4　无穷小与无穷大 ·· 20
1.5　极限运算法则 ·· 24
1.6　极限存在准则及两个重要极限 ·· 27
1.7　无穷小 ·· 30
1.8　函数的连续性与间断点 ··· 32
1.9　连续函数的运算与初等函数的连续性 ·· 35
1.10　闭区间上连续函数的性质 ·· 37
1.11　知识拓展 ··· 38
本章习题 ·· 40

第 2 章　导数与微分 ··· 43

2.1　导数概念 ·· 43
2.2　函数的求导法则 ··· 48
2.3　高阶导数 ·· 52
2.4　隐函数及由参数方程所确定的函数的导数与相关变化率 ···································· 54
2.5　函数的微分 ·· 58
2.6　知识拓展 ·· 63
本章习题 ·· 65

第 3 章　微分中值定理与导数的应用 ··· 68

3.1　微分中值定理 ·· 68
3.2　洛必达法则 ·· 73
3.3　泰勒公式 ·· 77
3.4　函数的单调性与曲线的凹凸性 ·· 81
3.5　函数极值与最大值、最小值 ·· 86
3.6　知识拓展 ·· 91
本章习题 ·· 94

I

第4章 不定积分 ... 95
4.1 不定积分的概念与性质 ... 95
4.2 换元积分法 ... 97
4.3 分部积分法 ... 103
本章习题 ... 105

第5章 定积分 ... 107
5.1 定积分的概念与性质 ... 107
5.2 微积分基本公式 ... 110
5.3 定积分的换元积分法和分部积分法 ... 112
5.4 广义积分 ... 115
5.5 定积分在几何上的简单应用 ... 118
5.6 知识拓展 ... 121
本章习题 ... 126

第6章 微分方程 ... 128
6.1 微分方程的基本概念 ... 128
6.2 可分离变量的微分方程 ... 130
6.3 齐次方程 ... 131
6.4 一阶线性微分方程 ... 133
6.5 可降阶的高阶微分方程 ... 135
6.6 二阶常系数线性微分方程 ... 138
6.7 二阶常系数齐次线性微分方程 ... 139
6.8 二阶常系数非齐次线性微分方程 ... 140
6.9 知识拓展 ... 143
本章习题 ... 149

参考文献 ... 150

第 1 章　函数与极限

1.1　函　数

1.1.1　数集概念

数集：具有某种特定性质的实数的总体. 一般用大写的拉丁字母表示，如 A，B，M 等.

元素：组成数集的实数称为该数集的元素. 一般用小写的拉丁字母表示，如 a 是数集 M 的元素，表示为 $a \in M$.

数集的表示法：

列举法：把数集的全体元素一一列举出来. 例如，$A=\{a, b, c, d, e, f, g\}$，$A=\{a_1, a_2, \cdots, a_n\}$.

描述法：若数集是由具有某种性质 P 的实数 x 的全体所组成，则可表示为：$M=\{x \mid x$ 具有性质 $P\}$. 例如，$M=\{x \mid x$ 为实数，$x^2=1\}$.

几个常见的数集：

$\mathbf{N}$ 表示所有自然数构成的集合，称为自然数集. $\mathbf{N}=\{0, 1, 2, \cdots, n, \cdots\}$. $\mathbf{N}_+=\{1, 2, \cdots, n, \cdots\}$.

$\mathbf{R}$ 表示所有实数构成的集合，称为实数集.

$\mathbf{Z}$ 表示所有整数构成的集合，称为整数集. $\mathbf{Z}=\{\cdots, -n, \cdots, -2, -1, 0, 1, 2, \cdots, n, \cdots\}$.

$\mathbf{Q}$ 表示所有有理数构成的集合，称为有理数集. $\mathbf{Q}=\left\{\dfrac{p}{q} \middle| p \in \mathbf{Z},\ q \in \mathbf{N}_+ 且 p 与 q 互质\right\}$.

有限区间：设 $a<b$，称数集 $\{x \mid a<x<b\}$ 为开区间，记为 (a,b)，即 $(a,b)=\{x \mid a<x<b\}$.

类似地有：$[a,b]=\{x \mid a \leqslant x \leqslant b\}$ 称为闭区间，$[a,b)=\{x \mid a \leqslant x<b\}$、$(a,b]=\{x \mid a<x \leqslant b\}$ 称为半开区间. 其中 a 和 b 称为区间 (a,b)、$[a,b]$、$[a,b)$、$(a,b]$ 的端点，$b-a$ 称为区间的长度.

无限区间：$[a,+\infty)=\{x \mid a \leqslant x\}$，$(-\infty,b]=\{x \mid x \leqslant b\}$，$(-\infty,+\infty)=\{x \mid |x|<+\infty\}$.

区间在数轴上的表示，如图 1-1 所示.

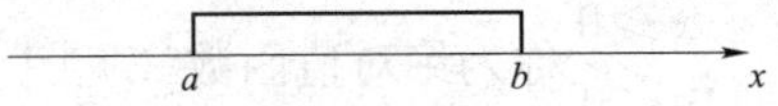

图 1-1

邻域：以点 a 为中心的任何开区间称为点 a 的邻域，记作 $U(a)$.

设 δ 是一正数，则称开区间 $(a-\delta, a+\delta)$ 为点 a 的 δ 邻域，记作 $U(a,\delta)$，即

$$U(a,\delta)=\{x \mid a-\delta<x<a+\delta\}=\{x \mid |x-a|<\delta\}.$$

其中，点 a 称为邻域的中心，δ 称为邻域的半径.

去心邻域 $\overset{\circ}{U}(a,\delta)$：$\overset{\circ}{U}(a,\delta)=\{x|0<|x-a|<\delta\}$.

1.1.2 函数概念

引例 1-1 圆的面积 $S=\pi r^2$，r 为半径. 面积 S 被半径 r 唯一确定.

引例 1-2 车费 $y=\begin{cases}13 & 0<x\leqslant 3\\ 13+2.3(x-3) & x>3\end{cases}$，$x$ 为路程. 车费 y 被路程 x 唯一确定.

引例 1-3 方程 $y^3-x\sin x=0$ 建立了变量 x 和 y 之间的依赖关系，且 y 被 x 唯一确定.

定义 1-1 设 $x,y\in\mathbf{R}$ 是两个变量，数集 $D\subset\mathbf{R}$，如果对任给的 $x\in D$，按照一定的法则 f，总唯一确定变量 y 的值，则称变量 y 是 x 的函数，记为 $y=f(x)$，$x\in D$，其中，x 称为自变量，y 称为因变量（或函数），f 称为对应法则，D 称为定义域，记作 D_f，即 $D_f=D$.

记号 f 和 $f(x)$ 的含义是有区别的，前者表示自变量 x 和因变量 y 之间的对应法则，而后者表示与自变量 x 对应的函数值. 所有函数值的全体称为值域，即 $R_f=\{y|y=f(x),x\in D\}$.

函数的两要素：定义域 D_f 及对应法则 f. 如果两个函数的定义域相同，对应法则也相同，那么这两个函数就是相同的，否则就是不同的.

函数的定义域通常按以下两种情形来确定：一种是对有实际背景的函数，根据实际背景中变量的实际意义确定. 例如，在自由落体运动中，设物体下落的时间为 t，下落的距离为 s，开始下落的时刻 $t=0$，落地的时刻 $t=T$，则 s 与 t 之间的函数关系是 $s=\frac{1}{2}gt^2$，$t\in[0,T]$，这个函数的定义域就是区间 $[0,T]$；另一种是对抽象地用算式表达的函数，通常约定这种函数的定义域是使算式有意义的一切实数组成的集合.

例 1-1 求函数 $y=\frac{1}{x}-\sqrt{x^2-4}$ 的定义域.

解 要使函数有意义，x 必须满足 $\begin{cases}x\neq 0\\ x^2\geqslant 4\end{cases}$. 解不等式组得 $|x|\geqslant 2$. 所以函数的定义域为 $D=\{x||x|\geqslant 2\}$，或 $D=(-\infty,-2]\cup[2,+\infty)$.

函数的表示法有 2 种：公式法和图形法. 公式法有显函数（如引例 1-1）、分段函数（在自变量的不同变化范围中，对应法则用不同式子来表示的函数称为分段函数，如引例 1-2）、隐函数（由方程确定的函数，如引例 1-3）. 图形法表示函数是基于函数图形的概念，即坐标平面上的点集 $\{P(x,y)|y=f(x),x\in D\}$ 称为函数 $y=f(x)$，$x\in D$ 的图形.

例 1-2 函数 $y=|x|=\begin{cases}x & x\geqslant 0\\ -x & x<0\end{cases}$ 称为绝对值函数（见图 1-2）. 其定义域为 $D=(-\infty,+\infty)$，值域为 $R=[0,+\infty)$.

例 1-3 函数 $y=\mathrm{sgn}\,x=\begin{cases}1 & x>0\\ 0 & x=0\\ -1 & x<0\end{cases}$（见图 1-3）称为符号函数. 其定义域为 $D=(-\infty,+\infty)$，值域为 $R=\{-1,0,1\}$.

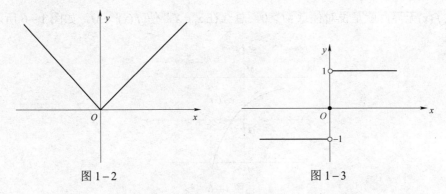

图 1-2   图 1-3

例 1-4 设 x 为任一实数. 不超过 x 的最大整数称为 x 的整数部分,记作 $[x]$. 函数 $y=[x]$ 称为取整函数,其定义域为 $D=(-\infty,+\infty)$,值域为 $R=\mathbf{Z}$,如图 1-4 所示.

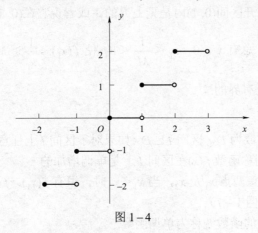

图 1-4

1.1.3 函数的几种特性

1. 函数的有界性

设函数 $f(x)$ 的定义域为 D,数集 $X \subset D$. 如果存在数 K_1,使对任一 $x \in X$,有 $f(x) \leqslant K_1$,则称 K_1 为函数 $f(x)$ 在 X 上的一个上界. 图形特点是,$y=f(x)$ 的图形在直线 $y=K_1$ 的下方.

如果存在数 K_2,使对任一 $x \in X$,有 $f(x) \geqslant K_2$,则称函数 $f(x)$ 在 X 上有下界,K_2 为函数 $f(x)$ 在 X 上的一个下界. 图形特点是,函数 $y=f(x)$ 的图形在直线 $y=K_2$ 的上方.

如果存在正数 M,使对任一 $x \in X$,有 $|f(x)| \leqslant M$,则称函数 $f(x)$ 在 X 上有界. 图形特点是,函数 $y=f(x)$ 的图形在直线 $y=-M$ 和 $y=M$ 之间(见图 1-5).

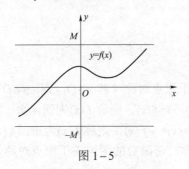

图 1-5

函数$f(x)$无界,就是说对任意$M>0$,总存在$x_0\in X$,使$|f(x)|>M$,如图1-6所示.

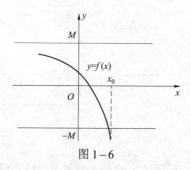

图1-6

例如,(1)$f(x)=\sin x$在$(-\infty,+\infty)$上是有界的:任给$-\infty<x<+\infty$,$|\sin x|\leqslant 1$.

(2) 函数$f(x)=\dfrac{1}{x}$在开区间$(0,1)$内是无上界的,或者说它在$(0,1)$内有下界,无上界. 这是因为,对于任一$M>1$,总有x_1,$0<x_1<\dfrac{1}{M}<1$,使$f(x_1)=\dfrac{1}{x_1}>M$,所以函数无上界. 但函数$f(x)=\dfrac{1}{x}$在$(1,2)$内是有界的.

2. 函数的单调性

设函数$y=f(x)$的定义域为D,区间$I\subset D$. 如果对于区间I上任意两点x_1及x_2,当$x_1<x_2$时,恒有$f(x_1)<f(x_2)$,则称函数$f(x)$在区间I上是单调增加的.

如果对于区间I上任意两点x_1及x_2,当$x_1<x_2$时,恒有$f(x_1)>f(x_2)$,则称函数$f(x)$在区间I上是单调减少的(见图1-7).

单调增加和单调减少的函数统称为单调函数.

例如,函数$y=x^2$在区间$(-\infty,0]$上是单调减少的,在区间$[0,+\infty)$上是单调增加的,在$(-\infty,+\infty)$上不是单调的(见图1-8).

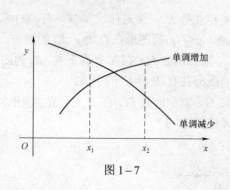

图1-7

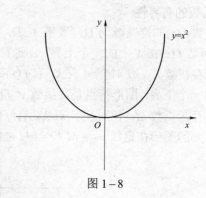

图1-8

3. 函数的奇偶性

设函数$f(x)$的定义域D关于原点对称(若$x\in D$,则$-x\in D$).

如果对于任意$x\in D$,有$f(-x)=f(x)$,则称$f(x)$为偶函数,如图1-9所示.

如果对于任意$x\in D$,有$f(-x)=-f(x)$,则称$f(x)$为奇函数,如图1-10所示.

偶函数的图形关于y轴对称,奇函数的图形关于原点对称,且过坐标原点.

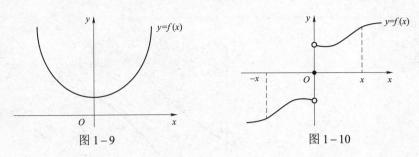

图 1-9　　　　　　　　　图 1-10

例如，$y=x^2$，$y=\cos x$ 都是偶函数；$y=x^3$，$y=\sin x$ 都是奇函数；$y=\sin x+\cos x$ 是非奇非偶函数．

4. 函数的周期性

设函数 $f(x)$ 的定义域为 D．如果存在一个正数 l，使得对于任一 $x\in D$ 有 $(x\pm l)\in D$，且 $f(x+l)=f(x)$，则称 $f(x)$ 为周期函数，l 称为 $f(x)$ 的周期（一般指最小正周期）．

周期函数的图形特点：在函数的定义域内，在每个长度为 l 的区间上，函数的图形有相同的形状（见图 1-11）．

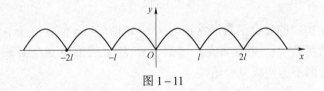

图 1-11

并不是所有的周期函数都有最小正周期．例如，狄利克雷（Dirichlet）函数

$$D(x)=\begin{cases} 1 & x\text{为有理数} \\ 0 & x\text{为无理数} \end{cases}$$

是周期函数，但无最小正周期，因为所有有理数都是它的周期．

1.1.4　反函数与复合函数

1. 反函数

设函数 $y=f(x)$，$x\in D$，$y\in f(D)$．如果对任给的 $y\in f(D)$，有唯一确定的 $x\in D$ 与之相对应，且满足 $f(x)=y$，此时 x 可看成 y 的函数．把此函数称为函数 $y=f(x)$，$x\in D$ 的反函数，记为 $f^{-1}(y)=x$，$y\in f(D)$．习惯上写成 $y=f^{-1}(x)$，$x\in f(D)$．

按此定义，只有单射（当 $x_1\neq x_2$，$f(x_1)\neq f(x_2)$ 时）才存在反函数，因此，若 f 是定义在 D 上的单调函数，则 $f: D\to f(D)$ 是单射，于是 f 的反函数 f^{-1} 必定存在，而且容易证明 f^{-1} 也是 $f(D)$ 上的单调函数．

把函数 $y=f(x)$ 和它的反函数 $y=f^{-1}(x)$ 的图形画在同一坐标平面上，这两个图形关于直线 $y=x$ 是对称的．例如，函数 $y=\mathrm{e}^x$ 是 **R** 上的单调递增函数，所以它的反函数存在，其反函数为 $y=\ln x$，$x\in(0,+\infty)$ 也是单调递增函数，且二者的图形关于 $y=x$ 对称（见图 1-12）．

2. 复合函数

设函数 $y=f(u)$ 的定义域为 D_1，函数 $u=g(x)$ 在 D 上有定义且 $g(D)\subset D_1$，则由下式确定的函数 $y=f(g(x))$，$x\in D$ 称为由函数 $u=g(x)$ 和函数 $y=f(u)$ 构成的复合函数，它的定义域为 D，变

量 u 称为中间变量.

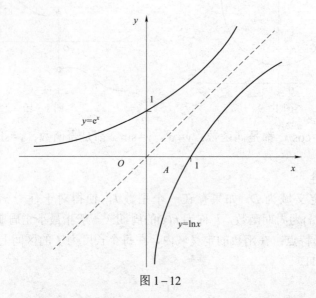

图 1-12

函数 g 与函数 f 构成的复合函数通常记为 $f \circ g$，即 $(f \circ g)(x)=f(g(x))$.

g 与 f 构成复合函数 $f \circ g$ 的条件是：函数 g 在 D 上的值域 $g(D)$ 必须含在 f 的定义域 D_f 内，即 $g(D) \subset D_f$. 否则不能构成复合函数.

例如，$y=f(u)=\arcsin u$ 的定义域为 $[-1,1]$，$u=g(x)=2\sqrt{1-x^2}$ 在 $D=\left[-1,-\dfrac{\sqrt{3}}{2}\right] \cup \left[\dfrac{\sqrt{3}}{2},1\right]$ 上有定义，且 $g(D) \subset [-1,1]$，则 g 与 f 可构成复合函数 $y=\arcsin 2\sqrt{1-x^2}$，$x \in D$；但函数 $y=\arcsin u$ 和函数 $u=2+x^2$ 不能构成复合函数，这是因为对任意 $x \in \mathbf{R}$，$u=2+x^2$ 均不在 $y=\arcsin u$ 的定义域 $[-1,1]$ 内.

1.1.5 函数的运算

设函数 $f(x)$，$g(x)$ 的定义域依次为 D_1，D_2，$D=D_1 \cap D_2 \neq \varnothing$，则可以定义这两个函数的下列运算：

和（差）$f \pm g$：$(f \pm g)(x)=f(x) \pm g(x)$，$x \in D$；

积 $f \cdot g$：$(f \cdot g)(x)=f(x) \cdot g(x)$，$x \in D$；

商 $\dfrac{f}{g}$：$\left(\dfrac{f}{g}\right)(x)=\dfrac{f(x)}{g(x)}$，$x \in D \setminus \{x \mid g(x)=0, x \in D\}$.

例 1-5 设函数 $f(x)$ 的定义域为 $(-l,l)$，证明必存在 $(-l,l)$ 上的偶函数 $g(x)$ 及奇函数 $h(x)$，使得 $f(x)=g(x)+h(x)$.

证 作 $g(x)=\dfrac{1}{2}[f(x)+f(-x)]$，$h(x)=\dfrac{1}{2}[f(x)-f(-x)]$，则 $f(x)=g(x)+h(x)$，

且 $g(-x)=\dfrac{1}{2}[f(-x)+f(x)]=g(x)$，$h(-x)=\dfrac{1}{2}[f(-x)-f(x)]=-\dfrac{1}{2}[f(x)-f(-x)]=-h(x)$.

1.1.6 初等函数

1. 基本初等函数

（1）幂函数：$y=x^\mu$（$\mu\in\mathbf{R}$ 是常数）（在第一象限的图形见图 1-13），其特征为：

① 恒过点 (1, 1).

② 当 $\mu>0$ 时，函数在 $(0,+\infty)$ 上单调递增；

③ 不过第四象限.

④ 在 (1, 1) 右侧，由上往下，μ 值递减.

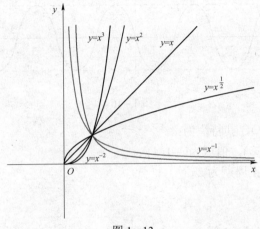

图 1-13

（2）指数函数：$y=a^x$（$a>0$ 且 $a\neq 1$）（见图 1-14），其特征为：

① 定义域为 $(-\infty,+\infty)$，值域为 $(0,+\infty)$.

② 恒过点 (0, 1).

③ 当 $a>1$ 时，函数在 $(-\infty,+\infty)$ 上单调递增；当 $0<a<1$ 时，函数在 $(-\infty,+\infty)$ 上单调递减.

（3）对数函数：$y=\log_a x$（$a>0$ 且 $a\neq 1$，特别当 $a=\mathrm{e}$ 时，记为 $y=\ln x$）（见图 1-15），其特征为：

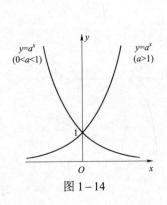

图 1-14

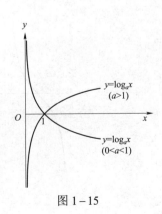

图 1-15

① 定义域为$(0,+\infty)$,值域为$(-\infty,+\infty)$.
② 恒过点$(1,0)$.
③ 当$a>1$时,函数在$(0,+\infty)$上单调递增;当$0<a<1$时,函数在$(0,+\infty)$上单调递减.
(4) 三角函数:$y=\sin x$(见图1-16),其特征为:
① 定义域为$(-\infty,+\infty)$,值域为$[-1,1]$.
② 周期函数,最小正周期为2π.
③ 奇函数.

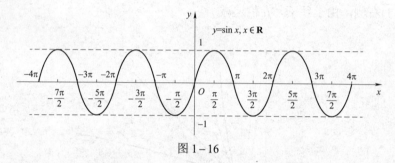

图1-16

$y=\cos x$(见图1-17),其特征为:
① 定义域为$(-\infty,+\infty)$,值域为$[-1,1]$.
② 周期函数,最小正周期为2π.
③ 偶函数.

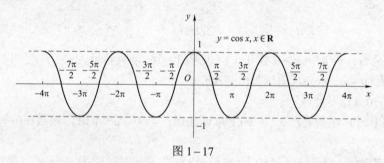

图1-17

$y=\tan x$(见图1-18),其特征为:

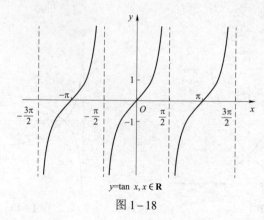

图1-18

① $\tan x = \sin x/\cos x$，定义域为 $D = \{x \in \mathbf{R} \mid x \neq k\pi + \dfrac{\pi}{2}, k \in \mathbf{Z}\}$，值域为 $(-\infty, +\infty)$.

② 周期函数，最小正周期为 π.

③ 奇函数.

④ 在定义区间上单调递增.

$y = \cot x$（见图 1-19），其特征为：

① $\cot x = \cos x/\sin x$，定义域为 $D = \{x \in \mathbf{R} \mid x \neq k\pi, k \in \mathbf{Z}\}$，值域为 $(-\infty, +\infty)$.

② 周期函数，最小正周期为 π.

③ 奇函数.

④ 在定义区间上单调递减.

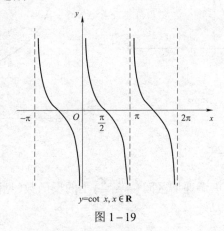

图 1-19

$y = \sec x = 1/\cos x$，定义域 $D = \{x \in \mathbf{R} \mid x \neq k\pi + \dfrac{\pi}{2}, k \in \mathbf{Z}\}$，值域为 $(-\infty, -1] \cup [1, +\infty)$.

$y = \csc x = 1/\sin x$，定义域 $D = \{x \in \mathbf{R} \mid x \neq k\pi, k \in \mathbf{Z}\}$，值域为 $(-\infty, -1] \cup [1, +\infty)$.

三角关系式如下：

平方关系	$\sin^2 x + \cos^2 x = 1$；$\tan^2 x + 1 = \sec^2 x$；$\cot^2 x + 1 = \csc^2 x$
两角和与差	$\sin(x \pm y) = \sin x \cos y \pm \cos x \sin y$； $\cos(x \pm y) = \cos x \cos y \mp \sin x \sin y$； $\tan(x \pm y) = \dfrac{\tan x \pm \tan y}{1 \mp \tan x \tan y}$
二倍角	$\sin 2x = 2\sin x \cos x$；$\cos 2x = \cos^2 x - \sin^2 x$； $\tan 2x = \dfrac{2\tan x}{1 - \tan^2 x}$
积化和差	$\sin x \cos y = \dfrac{1}{2}[\sin(x+y) + \sin(x-y)]$； $\cos x \cos y = \dfrac{1}{2}[\cos(x+y) + \cos(x-y)]$； $\sin x \sin y = -\dfrac{1}{2}[\cos(x+y) - \cos(x-y)]$

（5）反三角函数. $y=\arcsin x$ 是 $y=\sin x$ 在单调递增区间 $\left[-\dfrac{\pi}{2},\dfrac{\pi}{2}\right]$ 上的反函数（见图 1-20），其定义域为 $[-1,1]$，值域为 $\left[-\dfrac{\pi}{2},\dfrac{\pi}{2}\right]$.

$y=\arccos x$ 是 $y=\cos x$ 在单调递增区间 $[0,\pi]$ 上的反函数（见图 1-21），其定义域为 $[-1,1]$，值域为 $[0,\pi]$.

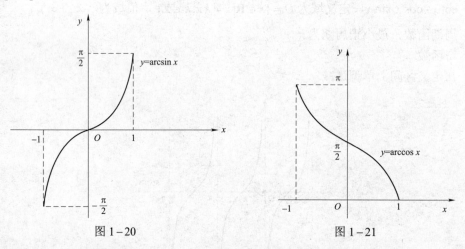

图 1-20　　　　　　　　图 1-21

$y=\arctan x$ 是 $y=\tan x$ 在单调递增区间 $\left(-\dfrac{\pi}{2},\dfrac{\pi}{2}\right)$ 上的反函数（见图 1-22），其定义域为 $(-\infty,+\infty)$，值域为 $\left(-\dfrac{\pi}{2},\dfrac{\pi}{2}\right)$.

$y=\operatorname{arccot} x$ 是 $y=\cot x$ 在单调递增区间 $(0,\pi)$ 上的反函数（见图 1-23），其定义域为 $(-\infty,+\infty)$，值域为 $(0,\pi)$.

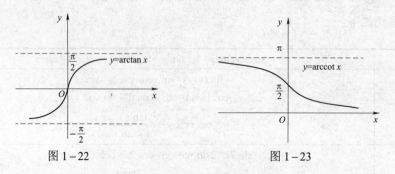

图 1-22　　　　　　　　图 1-23

2. 初等函数

由常数和基本初等函数经过有限次的四则运算和有限次的复合运算而形成的可用一个式子表示的函数，称为初等函数. 例如，$y=\sqrt{1-x^2}$，$y=\sin^2 x$，$y=\sqrt{\cot\dfrac{x}{2}}$ 等都是初等函数.

（1）双曲函数（见图 1-24）.

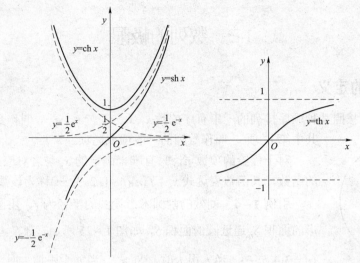

图 1-24

双曲正弦函数：$\operatorname{sh} x = \dfrac{e^x - e^{-x}}{2}$；

双曲余弦函数：$\operatorname{ch} x = \dfrac{e^x + e^{-x}}{2}$；

双曲正切函数：$\operatorname{th} x = \dfrac{\operatorname{sh} x}{\operatorname{ch} x} = \dfrac{e^x - e^{-x}}{e^x + e^{-x}}$.

（2）双曲函数的性质：

$\operatorname{sh}(x+y) = \operatorname{sh} x \cdot \operatorname{ch} y \pm \operatorname{ch} x \cdot \operatorname{sh} y$；

$\operatorname{ch}(x\pm y) = \operatorname{ch} x \cdot \operatorname{ch} y \pm \operatorname{sh} x \cdot \operatorname{sh} y$；

$\operatorname{ch}^2 x - \operatorname{sh}^2 x = 1$；

$\operatorname{sh} 2x = 2 \operatorname{sh} x \cdot \operatorname{ch} x$；

$\operatorname{ch} 2x = \operatorname{ch}^2 x + \operatorname{sh}^2 x$.

（3）反双曲函数.

双曲函数 $y = \operatorname{sh} x$，$y = \operatorname{ch} x(x \geqslant 0)$，$y = \operatorname{th} x$ 的反函数依次为

反双曲正弦：$y = \operatorname{arsh} x$；

反双曲余弦：$y = \operatorname{arch} x$；

反双曲正切：$y = \operatorname{arth} x$.

反双曲函数都可通过自然对数函数来表示，讨论如下：

$y = \operatorname{arsh} x$ 是 $x = \operatorname{sh} y$ 的反函数，因此，从 $x = \dfrac{e^y - e^{-y}}{2}$ 中解出 y 来便是 $\operatorname{arsh} x$. 令 $u = e^y$，则由上式有 $u^2 - 2xu - 1 = 0$. 这是关于 u 的一个二次方程，它的根为 $u = x \pm \sqrt{x^2 + 1}$. 因为 $u = e^y > 0$，故上式根号前应取正号，于是 $u = x + \sqrt{x^2 + 1}$. 由于 $y = \ln u$，故得 $y = \operatorname{arsh} x = \ln(x + \sqrt{x^2 + 1})$.

函数 $y = \operatorname{arsh} x$ 的定义域为 $(-\infty, +\infty)$，它是奇函数，在区间 $(-\infty, +\infty)$ 内为单调增加的.

类似地可得：$y = \operatorname{arch} x = \ln(x + \sqrt{x^2 - 1})$，$y = \operatorname{arth} x = \dfrac{1}{2}\ln\dfrac{1+x}{1-x}$.

1.2 数列的极限

1.2.1 数列的定义

定义 1-2 按照某种顺序排列的一串有序的数 $x_1, x_2, x_3, \cdots, x_n, \cdots$，叫作数列，记为 $\{x_n\}$，其中第 n 项 x_n 叫作数列的一般项或通项.

对于任给的项数 n，只有唯一确定的 x_n 与之对应，因此，x_n 是 n 的函数，其函数表达式 $x_n = f(n)(n=1,2,3,\cdots)$ 称为该数列的通项公式.

引例 1-4 刘徽的割圆术：设圆的半径为 r，用圆的内接正 n 边形的面积 S_n 逼近圆的面积 S，如图 1-25 所示，则 $S_n = nr^2 \sin\dfrac{\pi}{n}\cos\dfrac{\pi}{n}$ $(n=3,4,5,\cdots)$. 当 n 很大时，$S_n \approx S$. 当 n 无限增大时，S_n 无限逼近圆的面积 S.

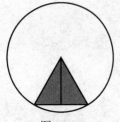

图 1-25

刘徽的割圆术包含了"用已知逼近未知，用近似逼近精确"的重要的极限思想.

1.2.2 数列的极限的直观定义

对于数列 $\{x_n\}$，如果当 n 无限增大时，数列的一般项 x_n 呈现无限接近某一确定常数 a 的变化趋势，则称常数 a 是数列 $\{x_n\}$ 的极限，或称数列 $\{x_n\}$ 收敛于 a，记为 $\lim\limits_{n\to\infty} x_n = a$. 否则就说数列发散.

例 1-6 下列数列是收敛的还是发散的？

（1）$2, 4, 8, \cdots, 2^n, \cdots$

（2）$1, -1, 1, -1, \cdots, (-1)^{n+1}, \cdots$

（3）$2, \dfrac{1}{2}, \dfrac{4}{3}, \cdots, \dfrac{n+(-1)^{n-1}}{n}, \cdots$

解 （1）当 n 无限增大时，x_n 呈现无限增大的变化趋势，因此，该数列发散.

（2）当 n 无限增大时，x_n 振荡变化，因此，该数列发散.

（3）当 n 无限增大时，x_n 无限接近于 1，因此，该数列收敛.

例 1-6 中 3 个数列的敛散性，主要是通过观察后推测得到的，理论上缺乏严谨性，需要做进一步的验证.

两个数 a, b 的接近程度可以用二者距离 $|a-b|$ 的大小来描述. 因此，当 n 无限增大时，x_n 无限接近于常数 a，意味着当 n 无限增大时，$|x_n - a|$ 可以无限变小，即小于任意小的正数 ε. 就数列 $\left\{\dfrac{n+(-1)^{n-1}}{n}\right\}$ 而言，要使得 $|x_n - 1| = \dfrac{1}{n} < \varepsilon$，只需项数 n 满足条件 $n > \dfrac{1}{\varepsilon}$.

而在 n 无限增大的过程下（见图 1-26），只要 $n > N = \left[\dfrac{1}{\varepsilon}\right]$，所需条件 $n > \dfrac{1}{\varepsilon}$ 就会被满足. 因此，x_n 可以无限接近于常数 1.

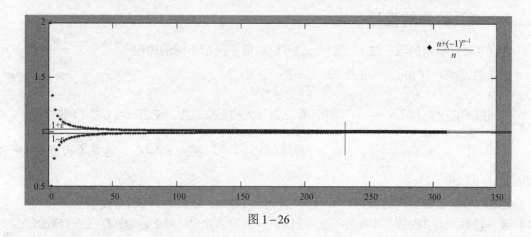

图 1-26

1.2.3 精确定义

如果数列 $\{x_n\}$ 与常数 a 有下列关系：对于任意给定的任意小的正数 ε，总能找到正整数 N，使得当 $n>N$ 时，不等式 $|x_n-a|<\varepsilon$ 都成立，则称常数 a 是数列 $\{x_n\}$ 的极限，或者称数列 $\{x_n\}$ 收敛于 a，记为 $\lim\limits_{n\to\infty} x_n = a$ 或 $x_n \to a (n\to\infty)$. 即

$$\lim_{n\to\infty} x_n = a \Leftrightarrow \forall \varepsilon > 0, \exists N \in \mathbf{N}_+, \text{当 } n>N \text{ 时，有 } |x_n-a|<\varepsilon.$$

数列极限的几何解释：当 $n>N$ 时，所有的 x_n 都落在区间 $(a-\varepsilon, a+\varepsilon)$ 内，而落在该区间外只有有限个项（至多 N 项）（见图 1-27）.

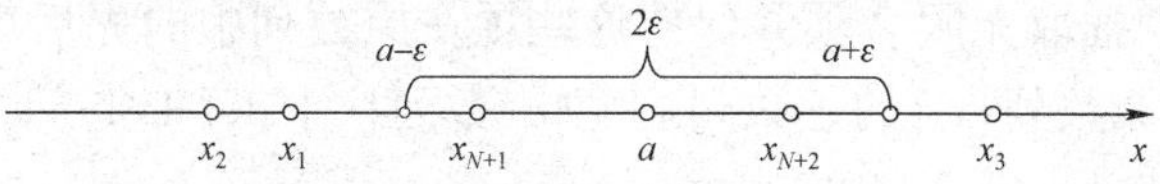

图 1-27

例 1-7 证明 $\lim\limits_{n\to\infty} \dfrac{n+(-1)^{n-1}}{n} = 1$.

分析 $|x_n-1| = \left| \dfrac{n+(-1)^{n-1}}{n} - 1 \right| = \dfrac{1}{n}$. $\forall \varepsilon > 0$, 要使 $|x_n-1|<\varepsilon$, 只要 $\dfrac{1}{n}<\varepsilon$, 即 $n>\dfrac{1}{\varepsilon}$.

证 $\forall \varepsilon > 0$, $\exists N = \left[\dfrac{1}{\varepsilon}\right] \in \mathbf{N}_+$, 当 $n>N$ 时，有 $|x_n-1| = \left| \dfrac{n+(-1)^{n-1}}{n} - 1 \right| = \dfrac{1}{n} < \varepsilon$, 所以 $\lim\limits_{n\to\infty} \dfrac{n+(-1)^{n-1}}{n} = 1$.

例 1-8 设 $|q|<1$, 证明等比数列 $1, q, q^2, \cdots, q^{n-1}, \cdots$ 的极限是 0.

分析 $\forall \varepsilon > 0$, 要使 $|x_n-0| = |q^{n-1}-0| = |q|^{n-1} < \varepsilon$, 只要 $n > \log_{|q|}\varepsilon + 1$, 故可取 $N = [\log_{|q|}\varepsilon + 1]$.

证 $\forall \varepsilon > 0$, $\exists N = [\log_{|q|}\varepsilon + 1]$, 当 $n>N$ 时，有 $|q^{n-1}-0| = |q|^{n-1} < \varepsilon$, 所以 $\lim\limits_{n\to\infty} q^{n-1} = 0$.

1.2.4 收敛数列的性质

定理 1–1（极限的唯一性） 数列$\{x_n\}$不能收敛于两个不同的极限.

证 假设同时有$\lim\limits_{n\to\infty} x_n = a$及$\lim\limits_{n\to\infty} x_n = b$，且$a<b$.

按极限的定义，对于$\varepsilon = \dfrac{b-a}{2} > 0$，存在充分大的正整数$N$，使当$n>N$时，同时有$|x_n-a| < \varepsilon = \dfrac{b-a}{2}$及$|x_n-b| < \varepsilon = \dfrac{b-a}{2}$. 因此，同时有 $x_n < \dfrac{b+a}{2}$ 及 $x_n > \dfrac{b+a}{2}$，这是不可能的. 所以只能有$a=b$.

定理 1–2（收敛数列的有界性） 如果数列$\{x_n\}$收敛，那么数列$\{x_n\}$一定有界.

证 设数列$\{x_n\}$收敛，且收敛于a，根据数列极限的定义，对于$\varepsilon = 1$，存在正整数N，使对于$n>N$时的一切x_n，不等式$|x_n-a| < \varepsilon = 1$都成立. 于是当$n>N$时，$|x_n| = |(x_n-a)+a| \leqslant |x_n-a|+|a| < 1+|a|$. 取$M = \max\{|x_1|, |x_2|, \cdots, |x_N|, 1+|a|\}$，那么数列$\{x_n\}$中的一切$x_n$都满足不等式$|x_n| \leqslant M$. 这就证明了数列$\{x_n\}$是有界的.

定理 1–3（收敛数列的保号性） 如果数列$\{x_n\}$收敛于a，且$a>0$（或$a<0$），那么存在正整数N，当$n>N$时，有$x_n>0$（或$x_n<0$）.

证 就$a>0$的情形证明. 由数列极限的定义，对$\varepsilon = \dfrac{a}{2} > 0$，$\exists N \in \mathbf{N}_+$，当$n>N$时，有$|x_n-a| < \dfrac{a}{2}$，从而$x_n > a - \dfrac{a}{2} = \dfrac{a}{2} > 0$.

推论 1–1 如果数列$\{x_n\}$从某项起有$x_n \geqslant 0$（或$x_n \leqslant 0$），且数列$\{x_n\}$收敛于a，那么$a \geqslant 0$（或$a \leqslant 0$）.

在数列$\{x_n\}$中任意抽取无限多项并保持这些项在原数列中的先后次序，这样得到一个数列$\{x_{n_k}\}$，称该数列为原数列$\{x_n\}$的子数列. 例如，数列$\{x_n\}$：$1, -1, 1, -1, \cdots, (-1)^{n+1}, \cdots$的一子数列为$\{x_{2n}\}$：$-1, -1, -1, \cdots, (-1)^{2n+1}, \cdots$.

定理 1–4（收敛数列与其子数列间的关系） 如果数列$\{x_n\}$收敛于a，那么它的任一子数列也收敛，且极限也是a.

证 设数列$\{x_{n_k}\}$是数列$\{x_n\}$的任一子数列.

因为数列$\{x_n\}$收敛于a，所以$\forall \varepsilon > 0$，$\exists N \in \mathbf{N}_+$，当$n>N$时，有$|x_n-a| < \varepsilon$. 取$K=N$，则当$k>K$时，$n_k \geqslant k > K = N$. 于是$|x_{n_k} - a| < \varepsilon$. 这就证明了$\lim\limits_{k\to\infty} x_{n_k} = a$.

由定理 1–4 知，如果数列有两个子数列收敛到不同的极限，或者有一个子数列发散，则该数列必发散. 例如，$\{(-1)^{n+1}\}$：$\lim\limits_{k\to\infty} x_{2k} = -1$，$\lim\limits_{k\to\infty} x_{2k+1} = 1$. 因此，$\{(-1)^{n+1}\}$发散.

1.3 函数的极限

函数自变量的 6 种不同的变化趋势如下：

x无限接近x_0，即$|x-x_0| \to 0$且$x \neq x_0$，记为$x \to x_0$.

x 从 x_0 的左侧无限接近 x_0,即 $|x-x_0|\to 0$ 且 $x<x_0$,记为 $x\to x_0^-$.
x 从 x_0 的右侧无限接近 x_0,即 $|x-x_0|\to 0$ 且 $x>x_0$,记为 $x\to x_0^+$.
$|x|$ 无限增大,记为 $x\to\infty$.
$x<0$ 且 $|x|$ 无限增大,记为 $x\to-\infty$.
$x>0$ 且 $|x|$ 无限增大,记为 $x\to+\infty$.
显然,$x\to x_0$ 既包含 $x\to x_0^-$ 又包含 $x\to x_0^+$;$x\to\infty$ 既包含 $x\to-\infty$ 又包含 $x\to+\infty$.

1.3.1 自变量趋于无穷时函数的极限

在自变量趋于无穷的过程中,函数可能呈现不同的变化趋势.

引例1-5 观察图像.

在 $x\to\infty$ 这个过程中,$y=\dfrac{1}{x}$ 呈现无限接近 0 的变化趋势(见图1-28).

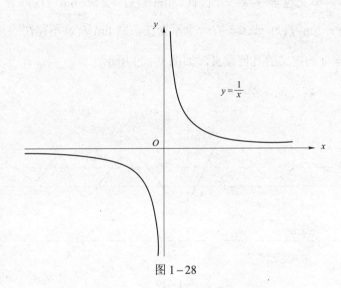

图1-28

当 $a>1$ 时,在 $x\to+\infty$ 的过程中,$y=a^x$ 呈现无限增大的变化趋势,记为 $a^x\to+\infty(x\to+\infty)$. 而在 $x\to-\infty$ 的过程中,$y=a^x$ 呈现无限接近 0 的变化趋势(参见图1-14).

在 $x\to\infty$ 这个过程中,$y=\sin x$ 在 $[-1,1]$ 之间振荡变化(参见图1-16).

1. 直观定义1

若当 $x\to\infty(x\to-\infty$、$x\to+\infty)$ 时,函数 $y=f(x)$ 无限接近一个定常数 A,则称 A 是该过程中的极限,记为 $y\to A(x\to\infty$ 或 $x\to-\infty$、$x\to+\infty)$,或 $\lim\limits_{x\to\infty}f(x)=A$ ($\lim\limits_{x\to-\infty}f(x)=A$,$\lim\limits_{x\to+\infty}f(x)=A$).

在引例1-5中,主要是通过图像观察后推测得到 $\lim\limits_{x\to\infty}\dfrac{1}{x}=0$,在理论上需要做进一步的验证. $\lim\limits_{x\to\infty}f(x)=A$ 是指在 $|x|$ 无限增大的过程中,$|f(x)-A|$ 可以无限变小,即小于任意小的正数 ε. 就 $y=\dfrac{1}{x}$ 而言,要使得 $\left|\dfrac{1}{x}-0\right|<\varepsilon$,只要 $|x|>\dfrac{1}{\varepsilon}$. 而在 $|x|$ 无限增大这个过程中,条件

$|x|>X=\dfrac{1}{\varepsilon}$ 必然被满足. 因此，在$|x|$无限增大这个过程中，$\left|\dfrac{1}{x}-0\right|$可以任意变小.

2. 精确定义 1

设$f(x)$当$|x|$大于某一正数时有定义. 如果存在常数A，对于任意给定的正数ε，总存在正数X，使得当x满足不等式$|x|>X$时，对应的函数值$f(x)$都满足不等式$|f(x)-A|<\varepsilon$，则常数A叫作函数$f(x)$当$x\to\infty$时的极限，记为$\lim\limits_{x\to\infty}f(x)=A$ 或 $f(x)\to A(x\to\infty)$. 即

$$\lim_{x\to\infty}f(x)=A \Leftrightarrow \forall \varepsilon>0, \exists X>0, \text{当}|x|>X\text{时，有}|f(x)-A|<\varepsilon.$$

类似地，可定义

$$\lim_{x\to-\infty}f(x)=A \Leftrightarrow \forall \varepsilon>0, \exists X>0, \text{当}x<-X\text{时，有}|f(x)-A|<\varepsilon.$$

$$\lim_{x\to+\infty}f(x)=A \Leftrightarrow \forall \varepsilon>0, \exists X>0, \text{当}x>X\text{时，有}|f(x)-A|<\varepsilon.$$

由于既包含$x\to-\infty$又包含$x\to+\infty$，因此，$\lim\limits_{x\to\infty}f(x)=A \Leftrightarrow \lim\limits_{x\to-\infty}f(x)=A$ 且 $\lim\limits_{x\to+\infty}f(x)=A$. 反之，若$\lim\limits_{x\to-\infty}f(x)\ne\lim\limits_{x\to+\infty}f(x)$，或二者有一个不存在，则$\lim\limits_{x\to\infty}f(x)$不存在.

极限$\lim\limits_{x\to\infty}f(x)=A$的定义的几何意义，如图 1-29 所示.

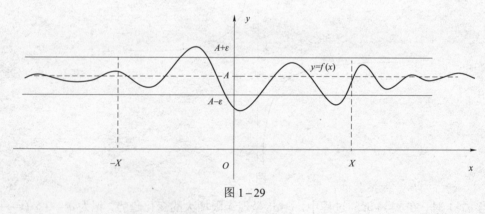

图 1-29

例 1-9 证明$\lim\limits_{x\to\infty}\dfrac{1}{x}=0$（参见图 1-28）.

分析 $|f(x)-A|=\left|\dfrac{1}{x}-0\right|=\dfrac{1}{|x|}$. $\forall \varepsilon>0$，要使$|f(x)-A|<\varepsilon$，只要$|x|>\dfrac{1}{\varepsilon}$.

证 因为$\forall \varepsilon>0$，$\exists X=\dfrac{1}{\varepsilon}>0$，当$|x|>X$时，有$|f(x)-A|=\left|\dfrac{1}{x}-0\right|=\dfrac{1}{|x|}<\varepsilon$，所以$\lim\limits_{x\to\infty}\dfrac{1}{x}=0$.

直线$y=0$是函数$y=\dfrac{1}{x}$的水平渐近线. 一般地，如果$\lim\limits_{x\to\infty}f(x)=c$，则直线$y=c$称为函数$y=f(x)$的图形的水平渐近线.

例 1-10 证明 $\lim\limits_{x\to\infty}\arctan x$ 不存在.

证 $\lim\limits_{x\to+\infty}\arctan x=\dfrac{\pi}{2}$，$\lim\limits_{x\to-\infty}\arctan x=-\dfrac{\pi}{2}$，因此 $\lim\limits_{x\to\infty}\arctan x$ 不存在（参见图 1-22）.

1.3.2 自变量趋于有限值时函数的极限

引例 1-6 观察图像（见图 1-30），在 $x\to 1$ 的过程中，该函数有无限接近于 2 的变化趋势.

1. 直观定义 2

如果当 x 无限接近于 x_0 时，函数 $f(x)$ 无限接近于常数 A，则称当 x 趋于 x_0 时，$f(x)$ 以 A 为极限. 记作 $\lim\limits_{x\to x_0}f(x)=A$ 或 $f(x)\to A(x\to x_0)$. 同理，若当 $x\to x_0^-$ 时，$f(x)$ 无限接近于某常数 A，则常数 A 叫函数 $f(x)$ 当 $x\to x_0$ 时的左极限，记为 $\lim\limits_{x\to x_0^-}f(x)=A$ 或 $f(x_0^-)=A$；若当 $x\to x_0^+$ 时，$f(x)$ 无限接近于某常数 A，则常数 A 叫作函数 $f(x)$ 当 $x\to x_0$ 时的右极限，记为 $\lim\limits_{x\to x_0^+}f(x)=A$ 或 $f(x_0^+)=A$.

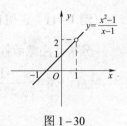

图 1-30

左、右极限统称单侧极限.

在 $x\to x_0$ 的过程中，$f(x)$ 无限接近于 A 指的是在 $|x-x_0|$ 无限变小的过程中，$|f(x)-A|$ 能小于任意小的正数 ε. 即对于任意给定的正数 ε，如果 x 与 x_0 接近到一定程度（如 $|x-x_0|<\delta$，δ 为某一正数），就有 $|f(x)-A|<\varepsilon$，则能保证当 $x\to x_0$ 时，$f(x)$ 无限接近于 A.

2. 精确定义 2

设函数 $f(x)$ 在点 x_0 的某一去心邻域内有定义. 如果存在常数 A，对于任意给定的正数 ε（不论它多么小），总能找到一个正数 δ，使得当 x 满足不等式 $0<|x-x_0|<\delta$ 时，对应的函数值 $f(x)$ 都满足不等式 $|f(x)-A|<\varepsilon$，那么常数 A 就叫作函数 $f(x)$ 当 $x\to x_0$ 时的极限，记为

$$\lim\limits_{x\to x_0}f(x)=A \text{ 或 } f(x)\to A(x\to x_0).$$

即 $\lim\limits_{x\to x_0}f(x)=A \Leftrightarrow \forall \varepsilon>0, \exists \delta>0$，当 $0<|x-x_0|<\delta$ 时，$|f(x)-A|<\varepsilon$.

同理，左极限 $\lim\limits_{x\to x_0^-}f(x)=A \Leftrightarrow \forall \varepsilon>0, \exists \delta>0$，当 $x_0-\delta<x<x_0$ 时，$|f(x)-A|<\varepsilon$.

右极限 $\lim\limits_{x\to x_0^+}f(x)=A \Leftrightarrow \forall \varepsilon>0, \exists \delta>0$，当 $x_0<x<x_0+\delta$ 时，$|f(x)-A|<\varepsilon$.

由于 $x\to x_0$ 既包含 $x\to x_0^+$ 又包含 $x\to x_0^-$，因此

$$\lim\limits_{x\to x_0}f(x)=A \Leftrightarrow \lim\limits_{x\to x_0^-}f(x)=A \text{ 且 } \lim\limits_{x\to x_0^+}f(x)=A.$$

1.3.3 函数极限的几何意义

函数极限的几何意义如图 1-31 所示.

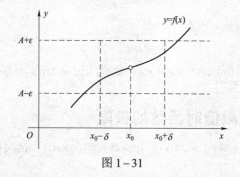

图 1-31

例 1-11 证明 $\lim\limits_{x\to 1}\dfrac{x^2-1}{x-1}=2$.

分析 注意函数在 $x=1$ 时是没有定义的,但这与函数在该点是否有极限并无关系. 当 $x\neq 1$ 时,$|f(x)-A|=\left|\dfrac{x^2-1}{x-1}-2\right|=|x-1|$. $\forall \varepsilon>0$,要使 $|f(x)-A|<\varepsilon$,只要 $|x-1|<\varepsilon$.

证 因为 $\forall \varepsilon>0$,$\exists \delta=\varepsilon$,当 $0<|x-1|<\delta$ 时,有 $|f(x)-A|=\left|\dfrac{x^2-1}{x-1}-2\right|=|x-1|<\varepsilon$,所以 $\lim\limits_{x\to 1}\dfrac{x^2-1}{x-1}=2$.

例 1-12 证明当 $x_0>0$ 时,$\lim\limits_{x\to x_0}\sqrt{x}=\sqrt{x_0}$.

分析 当 $x_0>0$ 时,$|f(x)-A|=\left|\sqrt{x}-\sqrt{x_0}\right|=\dfrac{|x-x_0|}{\sqrt{x}+\sqrt{x_0}}\leqslant \dfrac{|x-x_0|}{\sqrt{x_0}}$.

$\forall \varepsilon>0$,要使 $|f(x)-A|<\varepsilon$,只要 $\dfrac{|x-x_0|}{\sqrt{x_0}}<\varepsilon$,即 $|x-x_0|<\sqrt{x_0}\varepsilon$.

证 $\forall \varepsilon>0$,$\exists \delta=\sqrt{x_0}\varepsilon$,当 $0<|x-x_0|<\delta$ 时,有 $|f(x)-A|<\varepsilon$,所以 $\lim\limits_{x\to x_0}\sqrt{x}=\sqrt{x_0}$.

从例 1-12 可以看出,当 $x\to x_0(x_0>0)$ 时,$\sqrt{x}$ 的极限存在,且极限值恰好为其函数值 $\sqrt{x_0}$. 事实上,所有基本初等函数在其定义区间内每一点的极限值都等于函数值.

例 1-13 证明函数 $f(x)=\begin{cases} x-1 & x<0 \\ 0 & x=0 \\ x+1 & x>0 \end{cases}$,当 $x\to 0$ 时的极限不存在(见图 1-32).

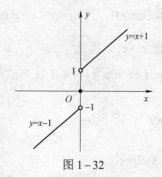

图 1-32

证 这是因为，$\lim\limits_{x\to 0^-}f(x)=\lim\limits_{x\to 0^-}(x-1)=-1$，$\lim\limits_{x\to 0^+}f(x)=\lim\limits_{x\to 0^+}(x+1)=1$，$\lim\limits_{x\to 0^-}f(x)\neq \lim\limits_{x\to 0^+}f(x)$.

1.3.4 函数极限的性质

定理 1-5（唯一性） 若 $\lim\limits_{x\to x_0}f(x)$ 存在，则极限值唯一.

定理 1-6（局部有界性） 若 $\lim\limits_{x\to x_0}f(x)=A$，则存在 $M>0$ 和 $\delta>0$，使得当 $0<|x-x_0|<\delta$ 时，$|f(x)|\leqslant M$.

定理 1-7（保号性） 若 $\lim\limits_{x\to x_0}f(x)=A>0$，则存在 $\delta>0$，使得当 $0<|x-x_0|<\delta$ 时，$f(x)>0$.

证 取 $\varepsilon<A$，因为 $\lim\limits_{x\to x_0}f(x)=A>0$，故存在 $\delta>0$，使得当 $0<|x-x_0|<\delta$ 时，有 $|f(x)-A|<\varepsilon$. 从而 $f(x)>A-\varepsilon>0$（参见图 1-31）.

推论 1-2 若 $\lim\limits_{x\to x_0}f(x)=A\neq 0$，则存在 $\delta>0$，使得当 $0<|x-x_0|<\delta$ 时，$|f(x)|>\dfrac{A}{2}$.

推论 1-3 若存在 $\delta>0$，使得当 $0<|x-x_0|<\delta$ 时，$f(x)\geqslant 0(f(x)\leqslant 0)$ 且 $\lim\limits_{x\to x_0}f(x)=A$，则 $A\geqslant 0(A\leqslant 0)$.

定理 1-8 $\lim\limits_{x\to x_0}f(x)=A\Leftrightarrow \forall\{x_n\}:x_n\neq x_0,f(x_n)$ 有定义，且 $x_n\to x_0(n\to\infty)$ 时，有 $\lim\limits_{n\to\infty}f(x_n)=A$（见图 1-33）.

证 "必要条件"：由 $\lim\limits_{x\to x_0}f(x)=A$ 知 $\forall\varepsilon>0$，$\exists\delta>0$，当 $0<|x-x_0|<\delta$ 时，$|f(x)-A|<\varepsilon$. 对于 $\delta>0$，因为 $x_n\to x_0(n\to\infty)$，知 $\exists N>0$，当 $n>N$ 时，有 $|x_n-x_0|<\delta$. 于是 $\forall\varepsilon>0$，$\exists N>0$，当 $n>N$ 时，$|f(x_n)-A|<\varepsilon$. "充分条件"用反证法，证明略.

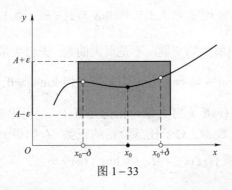

图 1-33

按照该定理，如果找到一个数列 $\{x_n\}:x_n\neq x_0,x_n\to x_0(n\to\infty)$，使得 $\lim\limits_{n\to\infty}f(x_n)$ 不存在，或者找到两个收敛于 x_0 的数列 $\{x_n\}$ 和 $\{x_n'\}$，使得 $\lim\limits_{n\to\infty}f(x_n)\neq\lim\limits_{n\to\infty}f(x_n')$，则 $\lim\limits_{x\to x_0}f(x)$ 不存在.

例 1-14 证明 $\lim\limits_{x\to 0}\sin\dfrac{1}{x}$ 不存在（见图 1-34）.

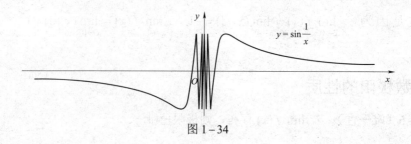

图 1-34

证 取 $x_n = \dfrac{1}{2n\pi} \to 0(n\to\infty), f(x_n) = \sin 2n\pi \to 0(n\to\infty).$

$$x_n' = \dfrac{1}{2n\pi + \dfrac{\pi}{2}} \to 0(n\to\infty), f(x_n') = \sin\left(2n\pi + \dfrac{\pi}{2}\right) \to 1(n\to\infty).$$

因此，$\lim\limits_{x\to 0}\sin\dfrac{1}{x}$ 不存在.

1.4 无穷小与无穷大

1.4.1 无穷大量直观定义

如果当 $x\to x_0$（或 $x\to\infty$）时，$|f(x)|$ 无限增大，就称函数 $f(x)$ 为当 $x\to x_0$（或 $x\to\infty$）时的无穷大量，记为 $\lim\limits_{x\to x_0} f(x) = \infty$（或 $\lim\limits_{x\to\infty} f(x) = \infty$）.

类似地，如果当 $x\to x_0$（或 $x\to\infty$）时，$f(x)$ 无限增大（减少），就称函数 $f(x)$ 为当 $x\to x_0$（或 $x\to\infty$）时的正无穷大量（负无穷大量），记为 $\lim\limits_{\substack{x\to x_0 \\ (x\to\infty)}} f(x) = +\infty$（$\lim\limits_{\substack{x\to x_0 \\ (x\to\infty)}} f(x) = -\infty$）.

注 按函数极限的定义来说，无穷大量的极限是不存在的. 但为了便于叙述函数的这一性态，也说"函数的极限是无穷大"，形式上记作 $\lim\limits_{x\to x_0} f(x) = \infty$（或 $\lim\limits_{x\to\infty} f(x) = \infty$）.

无穷大量是绝对值无限增大的变量，不是很大的数. 无穷大量与自变量的变化过程密切相关. 例如，$\lim\limits_{x\to 0}\dfrac{1}{x} = \infty$，$\lim\limits_{x\to 0^+}\dfrac{1}{x} = +\infty$，$\lim\limits_{x\to 0^-}\dfrac{1}{x} = -\infty$. 但 $\lim\limits_{x\to\infty}\dfrac{1}{x} = 0$（参见图 1-28）.

在 $x\to x_0$ 的过程中，$f(x)$ 是无穷大量，指的是在 $|x - x_0|$ 无限变小的过程中，$|f(x)|$ 能任意变大，即大于任意大的正数 M. 对于任意给定的正数 M，如果 x 与 x_0 接近到一定程度（如 $|x-x_0|<\delta$，δ 为某一正数）就有 $|f(x)|>M$，则 $\lim\limits_{x\to x_0} f(x) = \infty$.

1.4.2 无穷大量精确定义

$\lim\limits_{x\to x_0} f(x) = \infty \Leftrightarrow \forall M>0, \exists \delta>0,$ 当 $0<|x-x_0|<\delta$ 时，有 $|f(x)|>M.$

$\lim\limits_{x\to x_0} f(x) = +\infty \Leftrightarrow \forall M>0, \exists \delta>0,$ 当 $0<|x-x_0|<\delta$ 时，有 $f(x)>M.$

$\lim\limits_{x\to x_0}f(x)=-\infty \Leftrightarrow \forall M>0, \exists \delta>0$，当 $0<|x-x_0|<\delta$ 时，有 $f(x)<-M$.

例 1-15 证明 $\lim\limits_{x\to 1}\dfrac{1}{x-1}=\infty$ （见图 1-35）.

分析 任给 $M>0$，$|\dfrac{1}{x-1}|=\dfrac{1}{|x-1|}>M$，只要 $|x-1|<\dfrac{1}{M}$.

证 因为 $\forall M>0$，$\exists \delta=\dfrac{1}{M}$，当 $0<|x-1|<\delta$ 时，有 $|\dfrac{1}{x-1}|>M$，所以 $\lim\limits_{x\to 1}\dfrac{1}{x-1}=\infty$.

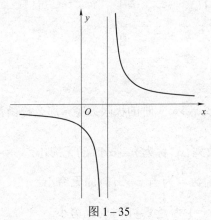

图 1-35

铅直渐近线：如果 $\lim\limits_{x\to x_0}f(x)=\infty$，则称直线 $x=x_0$ 是函数 $y=f(x)$ 的图形的铅直渐近线.

例如，直线 $x=1$ 是函数 $y=\dfrac{1}{x-1}$ 的图形的铅直渐近线.

1.4.3 无穷大量性质

性质 1-1 如果 $\lim\limits_{n\to\infty}a_n=\infty$，则对 $\{a_n\}$ 的任意子数列 $\{a_{n_k}\}$ 都有 $\lim\limits_{k\to\infty}a_{n_k}=\infty$.

性质 1-2 无穷大量一定无界，反之不成立.

例 1-16 证明 $0,2,0,4\cdots,0,2n,\cdots$ 无界，但不是无穷大量.

证 $\lim\limits_{k\to\infty}a_{2k}=\infty$，从而 $\{a_n\}$ 无界. $\lim\limits_{k\to\infty}a_{2k-1}=0$，从而 $\lim\limits_{n\to\infty}a_n\neq\infty$.

性质 1-3 $\lim\limits_{x\to x_0}f(x)=A(\infty)\Leftrightarrow \forall\{x_n\}:x_n\neq x_0, f(x_n)$ 有定义，且当 $x_n\to x_0(n\to\infty)$ 时，有 $\lim\limits_{n\to\infty}f(x_n)=A(\infty)$.

按照该性质，如果可以找到一个数列 $\{x_n\}:x_n\neq x_0, x_n\to x_0(n\to\infty)$，使得 $\lim\limits_{n\to\infty}f(x_n)\neq\infty$，则 $\lim\limits_{x\to x_0}f(x)\neq\infty$.

例 1-17 证明 $y=x\cos x$ 在 $(-\infty,+\infty)$ 上无界，但不是 $x\to+\infty$ 时的无穷大量.

证 取 $x_n=2n\pi\to+\infty(n\to\infty), f(x_n)=2n\pi\to+\infty(n\to\infty)$. 所以 $y=x\cos x$ 在 $(-\infty,+\infty)$ 上无界. $x_n'=2n\pi+\dfrac{\pi}{2}\to+\infty(n\to\infty), f(x_n')=0\to 0(n\to\infty)$. 因此，$y=x\cos x$ 不是 $x\to+\infty$ 时的无

穷大量（见图 1-36）.

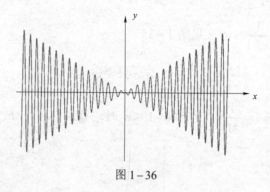

图 1-36

1.4.4 无穷小定义

如果函数 $f(x)$ 当 $x \to x_0$（或 $x \to \infty$）时的极限为零，那么称函数 $f(x)$ 为当 $x \to x_0$（或 $x \to \infty$）时的无穷小.

特别地，以零为极限的数列 $\{x_n\}$ 称为 $n \to \infty$ 时的无穷小.

例如，$\lim\limits_{x \to \infty} \dfrac{1}{x} = 0$，所以函数 $\dfrac{1}{x}$ 为当 $x \to \infty$ 时的无穷小.

$\lim\limits_{x \to 1}(x-1) = 0$，所以函数 $x-1$ 为当 $x \to 1$ 时的无穷小.

$\lim\limits_{n \to \infty} \dfrac{1}{n+1} = 0$，所以数列 $\left\{\dfrac{1}{n+1}\right\}$ 为当 $n \to \infty$ 时的无穷小.

无穷小是以 0 为极限的变量，而不是很小的数. 除 0 以外任何很小的数都不是无穷小. 另外，要注意区别无穷小与负无穷大，不要混淆.

1.4.5 无穷小的性质

定理 1-9 在自变量的同一变化过程 $x \to x_0$（或 $x \to \infty$）中，函数 $f(x)$ 具有极限 A 的充分必要条件是 $f(x) = A + \alpha$，其中 α 是无穷小.

证 设 $\lim\limits_{x \to x_0} f(x) = A$，$\forall \varepsilon > 0$，$\exists \delta > 0$，使当 $0 < |x - x_0| < \delta$ 时，有 $|f(x) - A| < \varepsilon$.

令 $\alpha = f(x) - A$，则 α 是当 $x \to x_0$ 时的无穷小，且 $f(x) = A + \alpha$. 这就证明了 $f(x)$ 等于它的极限 A 与一个无穷小 α 之和.

反之，设 $f(x) = A + \alpha$，其中 A 是常数，α 是当 $x \to x_0$ 时的无穷小，于是 $|f(x) - A| = |\alpha|$. 因为 α 是当 $x \to x_0$ 时的无穷小，$\forall \varepsilon > 0$，$\exists \delta > 0$，使当 $0 < |x - x_0| < \delta$，有 $|\alpha| < \varepsilon$，即 $|f(x) - A| < \varepsilon$，这就证明了 A 是 $f(x)$ 当 $x \to x_0$ 时的极限.

类似地可证明当 $x \to \infty$ 时的情形.

例如，因为 $\dfrac{1 + x^3}{2x^3} = \dfrac{1}{2} + \dfrac{1}{2x^3}$，而 $\lim\limits_{x \to \infty} \dfrac{1}{2x^3} = 0$，所以 $\lim\limits_{x \to \infty} \dfrac{1 + x^3}{2x^3} = \dfrac{1}{2}$.

定理 1-10（无穷小与无穷大之间的关系）

在自变量的同一变化过程中，如果 $f(x)$ 为无穷大，则 $\dfrac{1}{f(x)}$ 为无穷小；反之，如果 $f(x)$ 为无穷小,且 $f(x)\neq 0$,则 $\dfrac{1}{f(x)}$ 为无穷大.

证 以 $x\to x_0$ 为例. 如果 $\lim\limits_{x\to x_0}f(x)=0$,且 $f(x)\neq 0$,那么对于 $\varepsilon=\dfrac{1}{M}$,$\exists\delta>0$,当 $0<|x-x_0|<\delta$ 时,有 $|f(x)|<\varepsilon=\dfrac{1}{M}$,由于当 $0<|x-x_0|<\delta$ 时,$f(x)\neq 0$,从而 $\left|\dfrac{1}{f(x)}\right|>M$,所以 $\dfrac{1}{f(x)}$ 为当 $x\to x_0$ 时的无穷大.

如果 $\lim\limits_{x\to x_0}f(x)=\infty$,那么对于 $M=\dfrac{1}{\varepsilon}$,$\exists\delta>0$,当 $0<|x-x_0|<\delta$ 时,有 $|f(x)|>M=\dfrac{1}{\varepsilon}$,即 $\left|\dfrac{1}{f(x)}\right|<\varepsilon$,所以 $f(x)$ 为当 $x\to x_0$ 时的无穷小.

定理 1-11 有界函数与无穷小的乘积为无穷小.

证 设 $\forall x\in U(x_0,\delta_1),|u(x)|\leq M$;又设 $\lim\limits_{x\to x_0}\alpha=0$.则 $\forall\varepsilon>0$,$\exists\delta_2>0$,当 $0<|x-x_0|<\delta_2$ 时,有 $|\alpha(x)|<\varepsilon/M$.取 $\delta=\min\{\delta_1,\delta_2\}$,当 $0<|x-x_0|<\delta$ 时,$|u(x)\alpha(x)|<\varepsilon$,即 $\lim\limits_{x\to x_0}u(x)\alpha(x)=0$.

例 1-18 求 $\lim\limits_{x\to\infty}\dfrac{\sin x}{x}$(见图 1-37).

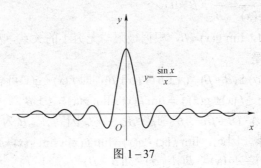

图 1-37

解 $\lim\limits_{x\to\infty}\dfrac{1}{x}=0$,$|\sin x|\leq 1$,$-\infty<x<+\infty$.利用无穷小乘有界量的性质,知 $\lim\limits_{x\to\infty}\dfrac{\sin x}{x}=0$.

推论 1-4 常数与无穷小的乘积为无穷小.

推论 1-5 有限个无穷小的乘积为无穷小.

定理 1-12 有限个无穷小的和(差)为无穷小.

证 设 $\lim\limits_{x\to x_0}\alpha(x)=0$,$\lim\limits_{x\to x_0}\beta(x)=0$.则 $\forall\varepsilon>0$,$\exists\delta_1>0$,当 $0<|x-x_0|<\delta_1$ 时,有 $|\alpha(x)|<\varepsilon/2$. $\exists\delta_2>0$,当 $0<|x-x_0|<\delta_2$ 时,有 $|\beta(x)|<\varepsilon/2$.取 $\delta=\min\{\delta_1,\delta_2\}$,当 $0<|x-x_0|<\delta$ 时,$|\alpha(x)+\beta(x)|<\varepsilon$,即 $\lim\limits_{x\to x_0}(\alpha(x)+\beta(x))=0$.

例如,当 $x\to 0$ 时,x 与 $\sin x$ 都是无穷小,$x+\sin x$ 也是无穷小.

未定式极限:根据函数各部分的极限无法确定函数整体的极限,而需要根据函数具体的表达式来确定,这种极限称为未定式.

由无穷小和无穷大的四则运算性质，无穷小与无穷小的商、无穷大与无穷大的商、无穷小与无穷大的积、无穷大与无穷大的差都是未定式极限，分别记为：$\dfrac{0}{0}, \dfrac{\infty}{\infty}, 0 \cdot \infty, \infty - \infty$.

无穷小与无穷大的四则运算结果见表 1-1.

表 1-1　无穷小与无穷大的四则运算

$\lim f(x)$	$\lim g(x)$	$\lim (f(x) \pm g(x))$	$\lim f(x)g(x)$	$\lim f(x)/g(x)$
0	0	0	0	未定式（0/0 型）
0	∞	∞	未定式（0·∞ 型）	0
∞	0	∞	未定式（0·∞ 型）	∞
∞	∞	未定式（∞－∞ 型）	∞	未定式（∞/∞ 型）

1.5　极限运算法则

定理 1-13　如果 $\lim f(x) = A, \lim g(x) = B$，那么

(1) $\lim [f(x) \pm g(x)] = \lim f(x) \pm \lim g(x) = A \pm B$；

(2) $\lim f(x) \cdot g(x) = \lim f(x) \cdot \lim g(x) = A \cdot B$；

(3) $\lim \dfrac{f(x)}{g(x)} = \dfrac{\lim f(x)}{\lim g(x)} = \dfrac{A}{B}$　$(B \neq 0)$.

证　因为 $\lim f(x) = A$，$\lim g(x) = B$，根据极限与无穷小的关系，有 $f(x) = A + \alpha$，$g(x) = B + \beta$，其中 α 及 β 为无穷小. 于是

(1) $f(x) \pm g(x) = (A + \alpha) \pm (B + \beta) = (A \pm B) + (\alpha \pm \beta)$，即 $f(x) \pm g(x)$ 可表示为常数 $(A \pm B)$ 与无穷小 $(\alpha \pm \beta)$ 之和. 因此，$\lim [f(x) \pm g(x)] = \lim f(x) \pm \lim g(x) = A \pm B$.

(2) $f(x) \cdot g(x) = (A + \alpha) \cdot (B + \beta) = AB + A\beta + B\alpha + \alpha\beta$. 因为 A、B 为常数，α 及 β 为无穷小，所以 $A\beta + B\alpha + \alpha\beta$ 为无穷小，因此，$\lim f(x) \cdot g(x) = \lim f(x) \cdot \lim g(x) = A \cdot B$.

(3) $\dfrac{f(x)}{g(x)} - \dfrac{A}{B} = \dfrac{Bf(x) - Ag(x)}{Bg(x)} = \dfrac{B(A + \alpha) - A(B + \beta)}{B(B + \beta)} = \dfrac{1}{B(B + \beta)}(B\alpha - A\beta)$. 因为 $\dfrac{1}{B(B + \beta)}$ 是有界量，$B\alpha - A\beta$ 是无穷小，根据无穷小乘有界量的性质，知 $\lim \left(\dfrac{f(x)}{g(x)} - \dfrac{A}{B} \right) = 0$. 从而

$$\lim \dfrac{f(x)}{g(x)} = \dfrac{\lim f(x)}{\lim g(x)} = \dfrac{A}{B}.$$

推论 1-6　如果 $\lim f(x)$ 存在，而 c 为常数，则 $\lim [c f(x)] = c \lim f(x)$.

推论 1-7　如果 $\lim f(x)$ 存在，而 n 是正整数，则 $\lim [f(x)]^n = [\lim f(x)]^n$.

定理 1-14　设有数列 $\{x_n\}$ 和 $\{y_n\}$. 如果 $\lim\limits_{n \to \infty} x_n = A$，$\lim\limits_{n \to \infty} y_n = B$，那么

(1) $\lim\limits_{n \to \infty} (x_n \pm y_n) = A \pm B$；

(2) $\lim\limits_{n \to \infty} (x_n \cdot y_n) = A \cdot B$；

(3) 当 $y_n \neq 0$ $(n=1, 2, \cdots)$ 且 $B \neq 0$ 时，$\lim\limits_{n \to \infty} \dfrac{x_n}{y_n} = \dfrac{A}{B}$.

例 1-19 若 $P(x) = a_0 x^n + a_1 x^{n-1} + \cdots + a_{n-1} x + a_n$，求 $\lim\limits_{x \to x_0} P(x)$.

解
$$\lim_{x \to x_0} P(x) = \lim_{x \to x_0}(a_0 x^n) + \lim_{x \to x_0}(a_1 x^{n-1}) + \cdots + \lim_{x \to x_0}(a_{n-1} x) + \lim_{x \to x_0} a_n$$
$$= a_0 \lim_{x \to x_0}(x^n) + a_1 \lim_{x \to x_0}(x^{n-1}) + \cdots + a_{n-1} \lim_{x \to x_0} x + \lim_{x \to x_0} a_n$$
$$= a_0 (\lim_{x \to x_0} x)^n + a_1 (\lim_{x \to x_0} x)^{n-1} + \cdots + a_n = a_0 x_0^n + a_1 x_0^{n-1} + \cdots + a_n = P(x_0).$$

例 1-20 求 $\lim\limits_{x \to 2} \dfrac{x^3 - 1}{x^2 - 5x + 3}$.

解
$$\lim_{x \to 2} \frac{x^3 - 1}{x^2 - 5x + 3} = \frac{\lim\limits_{x \to 2}(x^3 - 1)}{\lim\limits_{x \to 2}(x^2 - 5x + 3)} = \frac{\lim\limits_{x \to 2} x^3 - \lim\limits_{x \to 2} 1}{\lim\limits_{x \to 2} x^2 - 5 \lim\limits_{x \to 2} x + \lim\limits_{x \to 2} 3} = \frac{(\lim\limits_{x \to 2} x)^3 - 1}{(\lim\limits_{x \to 2} x)^2 - 5 \times 2 + 3}$$
$$= \frac{2^3 - 1}{2^2 - 10 + 3} = -\frac{7}{3}.$$

例 1-21 求 $\lim\limits_{x \to 1} \dfrac{2x - 3}{x^2 - 5x + 4}$.

解 因为 $\lim\limits_{x \to 1} \dfrac{x^2 - 5x + 4}{2x - 3} = \dfrac{1^2 - 5 \times 1 + 4}{2 \times 1 - 3} = 0$，故根据无穷大与无穷小的关系得
$$\lim_{x \to 1} \frac{2x - 3}{x^2 - 5x + 4} = \infty.$$

例 1-22 求 $\lim\limits_{x \to +\infty} \dfrac{\arctan x}{x}$.

解 利用无穷小与无穷大的关系，$\lim\limits_{x \to +\infty} \dfrac{\arctan x}{x} = \lim\limits_{x \to +\infty} \arctan x \lim\limits_{x \to +\infty} \dfrac{1}{x} = \dfrac{\pi}{2} \times 0 = 0$.

推论 1-8 （1）若 $\lim f(x) = A \neq \infty$，$\lim g(x) = \infty$，则 $\lim \dfrac{f(x)}{g(x)} = 0$.

（2）若 $\lim f(x) = A \neq 0$，$\lim g(x) = 0$，则 $\lim \dfrac{f(x)}{g(x)} = \infty$.

例 1-23 求 $\lim\limits_{x \to \infty} \dfrac{\arctan x}{x}$.

解 $\lim\limits_{x \to \infty} \arctan x$ 不存在，所以不能用乘法法则. 因为 $\lim\limits_{x \to \infty} \dfrac{1}{x} = 0$，$|\arctan x| \leq \dfrac{\pi}{2}$ $(-\infty < x < +\infty)$，由无穷小乘有界量的性质，知 $\lim\limits_{x \to \infty} \dfrac{\arctan x}{x} = 0$.

例 1-24 求 $\lim\limits_{x \to 3} \dfrac{x - 3}{x^2 - 9}$.

解 这是 $\dfrac{0}{0}$ 型的未定式,不能直接用四则运算. 去零因子 $x-3$,再用四则运算得

$$\lim_{x\to 3}\dfrac{x-3}{x^2-9}=\lim_{x\to 3}\dfrac{x-3}{(x-3)(x+3)}=\lim_{x\to 3}\dfrac{1}{x+3}=\dfrac{\lim\limits_{x\to 3}1}{\lim\limits_{x\to 3}(x+3)}=\dfrac{1}{6}.$$

例 1-25 求 $\lim\limits_{x\to\infty}\dfrac{3x^3+4x^2+2}{7x^3+5x^2-3}$.

解 这是 $\dfrac{\infty}{\infty}$ 型的未定式,不能直接用四则运算. 先用 x^3 去除分子及分母,然后利用四则运算取极限,有

$$\lim_{x\to\infty}\dfrac{3x^3+4x^2+2}{7x^3+5x^2-3}=\lim_{x\to\infty}\dfrac{3+\dfrac{4}{x}+\dfrac{2}{x^3}}{7+\dfrac{5}{x}-\dfrac{3}{x^3}}=\dfrac{3}{7}.$$

例 1-26 求 $\lim\limits_{x\to\infty}\dfrac{3x^2-2x-1}{2x^3-x^2+5}$.

解 这是 $\dfrac{\infty}{\infty}$ 型的未定式,不能直接用四则运算. 先用 x^3 去除分子及分母,然后取极限,有

$$\lim_{x\to\infty}\dfrac{3x^2-2x-1}{2x^3-x^2+5}=\lim_{x\to\infty}\dfrac{\dfrac{3}{x}-\dfrac{2}{x^2}-\dfrac{1}{x^3}}{2-\dfrac{1}{x}+\dfrac{5}{x^3}}=\dfrac{0}{2}=0.$$

例 1-27 求 $\lim\limits_{x\to\infty}\dfrac{2x^3-x^2+5}{3x^2-2x-1}$.

解 因为 $\lim\limits_{x\to\infty}\dfrac{3x^2-2x-1}{2x^3-x^2+5}=0$,利用无穷小与无穷大的关系得

$$\lim_{x\to\infty}\dfrac{2x^3-x^2+5}{3x^2-2x-1}=\infty.$$

一般地,有以下的结果:$\lim\limits_{x\to\infty}\dfrac{a_0 x^n+a_1 x^{n-1}+\cdots+a_n}{b_0 x^m+b_1 x^{m-1}+\cdots+b_m}=\begin{cases}0 & n<m\\ \dfrac{a_0}{b_0} & n=m\\ \infty & n>m\end{cases}.$

例 1-28 求 $\lim\limits_{x\to+\infty}(\sqrt{x+2}-\sqrt{x})$.

解 这是 $\infty-\infty$ 型的未定式,不能直接用四则运算. 将其分子有理化,得

$$\lim_{x\to+\infty}(\sqrt{x+2}-\sqrt{x})=\lim_{x\to+\infty}\dfrac{2}{\sqrt{x+2}+\sqrt{x}}=0.$$

例 1-29 求 $\lim\limits_{n\to+\infty}n(\sqrt{n+2}-\sqrt{n})$.

解 这是 $0 \cdot \infty$ 型的未定式,不能直接用四则运算. 将其分子有理化,得

$$\lim_{n\to+\infty}\sqrt{n}(\sqrt{n+2}-\sqrt{n})=\lim_{n\to+\infty}\frac{2\sqrt{n}}{\sqrt{n+2}+\sqrt{n}}=\lim_{n\to+\infty}\frac{2}{\sqrt{1+2/n}+1}=1.$$

注 $\frac{0}{0}$ 型、$\frac{\infty}{\infty}$ 型、$0 \cdot \infty$ 型、$\infty - \infty$ 型的未定式极限不能直接使用四则运算,应该适当变形后转化为非未定式,才能使用四则运算.

例 1-30 求 $\lim\limits_{n\to+\infty}\left(\frac{1}{n^2}+\frac{2}{n^2}+\cdots+\frac{n}{n^2}\right)$.

利用极限的加法法则,$\lim\limits_{n\to+\infty}\left(\frac{1}{n^2}+\frac{2}{n^2}+\cdots+\frac{n}{n^2}\right)=0+0+\cdots+0=0$. 这是错误的做法. 因为四则运算只能用于有限项的运算.

解 $\lim\limits_{n\to+\infty}\left(\frac{1}{n^2}+\frac{2}{n^2}+\cdots+\frac{n}{n^2}\right)=\lim\limits_{n\to+\infty}\frac{\frac{n(n+1)}{2}}{n^2}=\frac{1}{2}.$

定理 1-15(复合函数的极限运算法则)设函数 $y=f(g(x))$ 是由函数 $y=f(u)$ 与函数 $u=g(x)$ 复合而成的,$f(g(x))$ 在点 x_0 的某去心邻域内有定义. 若 $g(x)\to u_0(x\to x_0)$,$f(u)\to A(u\to u_0)$,且在 x_0 的某去心邻域内 $g(x)\neq u_0$,则

$$\lim_{x\to x_0}f(g(x))=\lim_{u\to u_0}f(u)=A.$$

证 设在 $\{x|0<|x-x_0|<\delta_0\}$ 内 $g(x)\neq u_0$.

因为 $f(u)\to A(u\to u_0)$,所以 $\forall \varepsilon>0$,$\exists \eta>0$,当 $0<|u-u_0|<\eta$ 时,有 $|f(u)-A|<\varepsilon$.

又 $g(x)\to u_0(x\to x_0)$,所以对上述 $\eta>0$,$\exists \delta_1>0$,当 $0<|x-x_0|<\delta_1$ 时,有 $|g(x)-u_0|<\eta$.

取 $\delta=\min\{\delta_0,\delta_1\}$,则当 $0<|x-x_0|<\delta$ 时,有 $0<|g(x)-u_0|<\eta$,从而 $|f(g(x))-A|=|f(u)-A|<\varepsilon$.

注 把定理中 $\lim\limits_{x\to x_0}g(x)=u_0$ 换成 $\lim\limits_{x\to x_0}g(x)=\infty$ 或 $\lim\limits_{x\to\infty}g(x)=\infty$,而把 $\lim\limits_{u\to u_0}f(u)=A$ 换成 $\lim\limits_{u\to\infty}f(u)=A$ 可得类似结果.

由复合函数的极限运算法则产生了一种极限的计算方法——变量替换.

例 1-31 求 $\lim\limits_{x\to 3}\sqrt{\frac{x^2-9}{x-3}}$.

解 $y=\sqrt{\frac{x^2-9}{x-3}}$ 是由 $y=\sqrt{u}$ 与 $u=\frac{x^2-9}{x-3}$ 复合而成的.

因为 $\lim\limits_{x\to 3}\frac{x^2-9}{x-3}=6$,所以 $\lim\limits_{x\to 3}\sqrt{\frac{x^2-9}{x-3}}=\lim\limits_{u\to 6}\sqrt{u}=\sqrt{6}.$

1.6 极限存在准则及两个重要极限

1.6.1 极限的存在准则

准则 I 如果数列 $\{x_n\}$、$\{y_n\}$ 及 $\{z_n\}$ 满足下列条件:

(1) $y_n \leqslant x_n \leqslant z_n (n=1, 2, 3, \cdots)$,

(2) $\lim\limits_{n\to\infty} y_n = a$, $\lim\limits_{n\to\infty} z_n = a$,

那么数列 $\{x_n\}$ 的极限存在，且 $\lim\limits_{n\to\infty} x_n = a$.

证 因为 $\lim\limits_{n\to\infty} y_n = a$, $\lim\limits_{n\to\infty} z_n = a$, 根据数列极限的定义，$\forall \varepsilon > 0$, $\exists N_1 > 0$, 当 $n > N_1$ 时，有 $|y_n - a| < \varepsilon$; 又 $\exists N_2 > 0$, 当 $n > N_2$ 时，有 $|z_n - a| < \varepsilon$.

现取 $N = \max\{N_1, N_2\}$，则当 $n > N$ 时，有 $|y_n - a| < \varepsilon$, $|z_n - a| < \varepsilon$ 同时成立，即 $a - \varepsilon < y_n < a + \varepsilon$, $a - \varepsilon < z_n < a + \varepsilon$, 同时成立.

又因 $y_n \leqslant x_n \leqslant z_n$, 所以当 $n > N$ 时，有 $a - \varepsilon < y_n \leqslant x_n \leqslant z_n < a + \varepsilon$, 即 $|x_n - a| < \varepsilon$.

这就证明了 $\lim\limits_{n\to\infty} x_n = a$.

准则 I′ 如果函数 $f(x)$、$g(x)$ 及 $h(x)$ 满足下列条件：

(1) 当 $x \in \overset{\circ}{U}(x, \delta)$ (或 $|x| > X > 0$)，$g(x) \leqslant f(x) \leqslant h(x)$；

(2) $\lim\limits_{\substack{x\to x_0 \\ (x\to\infty)}} g(x) = A$, $\lim\limits_{\substack{x\to x_0 \\ (x\to\infty)}} h(x) = A$；

那么 $\lim\limits_{\substack{x\to x_0 \\ (x\to\infty)}} f(x)$ 存在且 $\lim\limits_{\substack{x\to x_0 \\ (x\to\infty)}} f(x) = A$.

准则 I 及准则 I′ 称为夹逼准则.

例 1-32 证明 $\lim\limits_{x\to 0} \dfrac{\sin x}{x} = 1$.

证 首先注意到，函数 $\dfrac{\sin x}{x}$ 对于一切 $x \neq 0$ 都有定义.

如图 1-38 所示，图中的圆为单位圆，$BC \perp OA$, $DA \perp OA$.

圆心角 $\angle AOB = x$ ($0 < x < \dfrac{\pi}{2}$). 显然 $\sin x = CB$, $x = \overset{\frown}{AB}$,

$\tan x = AD$.

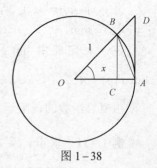

图 1-38

因为 $S_{\triangle AOB} < S_{\text{扇形} AOB} < S_{\triangle AOD}$, 所以 $\dfrac{1}{2}\sin x < \dfrac{1}{2}x < \dfrac{1}{2}\tan x$, 即

$\sin x < x < \tan x$.

不等号各边都除以 $\sin x$, 就有 $1 < \dfrac{x}{\sin x} < \dfrac{1}{\cos x}$, 或 $\cos x < \dfrac{\sin x}{x} < 1$.

注 此不等式当 $-\dfrac{\pi}{2} < x < 0$ 时也成立. 而 $\lim\limits_{x\to 0} \cos x = 1$, 根据准则 I′, $\lim\limits_{x\to 0} \dfrac{\sin x}{x} = 1$.

准则 II 单调有界数列必有极限.

准则 II 的几何解释：单调增加数列的点只可能向右一个方向移动，因此，它或者无限向右移，或者无限趋近于某一定点 A, 而对有界数列只可能后者情况发生.

例 1-33 证明极限 $\lim\limits_{n\to\infty} \left(1 + \dfrac{1}{n}\right)^n$ 存在.

设 $x_n = \left(1+\dfrac{1}{n}\right)^n$，现证明数列 $\{x_n\}$ 是单调有界的.

按牛顿二项公式，有

$$x_n = \left(1+\dfrac{1}{n}\right)^n = 1 + \dfrac{n}{1!}\cdot\dfrac{1}{n} + \dfrac{n(n-1)}{2!}\cdot\dfrac{1}{n^2} + \dfrac{n(n-1)(n-2)}{3!}\cdot\dfrac{1}{n^3} + \cdots + \dfrac{n(n-1)\cdots(n-n+1)}{n!}\cdot\dfrac{1}{n^n}$$

$$= 1+1+\dfrac{1}{2!}\left(1-\dfrac{1}{n}\right)+\dfrac{1}{3!}\left(1-\dfrac{1}{n}\right)\left(1-\dfrac{2}{n}\right)+\cdots+\dfrac{1}{n!}\left(1-\dfrac{1}{n}\right)\left(1-\dfrac{2}{n}\right)\cdots\left(1-\dfrac{n-1}{n}\right),$$

$$x_{n+1} = 1+1+\dfrac{1}{2!}\left(1-\dfrac{1}{n+1}\right)+\dfrac{1}{3!}\left(1-\dfrac{1}{n+1}\right)\left(1-\dfrac{2}{n+1}\right)+\cdots+\dfrac{1}{n!}\left(1-\dfrac{1}{n+1}\right)\left(1-\dfrac{2}{n+1}\right)\cdots\left(1-\dfrac{n-1}{n+1}\right)+$$

$$\dfrac{1}{(n+1)!}\left(1-\dfrac{1}{n+1}\right)\left(1-\dfrac{2}{n+1}\right)\cdots\left(1-\dfrac{n}{n+1}\right).$$

经比较知 $x_n < x_{n+1}$，即数列 $\{x_n\}$ 是单调的.

这个数列同时还是有界的. 因为

$$x_n < 1+1+\dfrac{1}{2!}+\dfrac{1}{3!}+\cdots+\dfrac{1}{n!} < 1+1+\dfrac{1}{2}+\dfrac{1}{2^2}+\cdots+\dfrac{1}{2^{n-1}} = 1+\dfrac{1-\dfrac{1}{2^n}}{1-\dfrac{1}{2}} = 3-\dfrac{1}{2^{n-1}} < 3.$$

根据准则Ⅱ，数列 $\{x_n\}$ 必有极限. 这个极限用 e 来表示，即 $\lim\limits_{n\to\infty}\left(1+\dfrac{1}{n}\right)^n = \mathrm{e}$.

1.6.2 两个重要极限

第一个重要极限：$\lim\limits_{x\to 0}\dfrac{\sin x}{x} = 1$ 或复合形式 $\lim\limits_{u(x)\to 0}\dfrac{\sin u(x)}{u(x)} = 1$.

第一个重要极限是 $\dfrac{0}{0}$ 型的未定式.

例 1-34 求 $\lim\limits_{x\to 0}\dfrac{\tan x}{x}$.

解 $\lim\limits_{x\to 0}\dfrac{\tan x}{x} = \lim\limits_{x\to 0}\dfrac{\sin x}{x}\cdot\dfrac{1}{\cos x} = \lim\limits_{x\to 0}\dfrac{\sin x}{x}\cdot\lim\limits_{x\to 0}\dfrac{1}{\cos x} = 1$.

例 1-35 求 $\lim\limits_{x\to 0}\dfrac{1-\cos x}{x^2}$.

解 $\lim\limits_{x\to 0}\dfrac{1-\cos x}{x^2} = \lim\limits_{x\to 0}\dfrac{2\sin^2\dfrac{x}{2}}{x^2} = \dfrac{1}{2}\lim\limits_{x\to 0}\dfrac{\sin^2\dfrac{x}{2}}{\left(\dfrac{x}{2}\right)^2} = \dfrac{1}{2}\lim\limits_{x\to 0}\left(\dfrac{\sin\dfrac{x}{2}}{\dfrac{x}{2}}\right)^2 = \dfrac{1}{2}\times 1^2 = \dfrac{1}{2}$.

第二个重要极限：$\lim\limits_{x\to\infty}\left(1+\dfrac{1}{x}\right)^x = \mathrm{e}$ 或 $\lim\limits_{\alpha(x)\to 0}(1+\alpha(x))^{\frac{1}{\alpha(x)}} = \mathrm{e}$.

第二个重要极限是 1^∞ 型的未定式.

例 1–36 求 $\lim\limits_{x\to\infty}\left(1-\dfrac{1}{x}\right)^x$.

解 令 $t=-x$，则当 $x\to\infty$ 时，$t\to\infty$. 于是 $\lim\limits_{x\to\infty}\left(1-\dfrac{1}{x}\right)^x=\lim\limits_{t\to\infty}\left(1+\dfrac{1}{t}\right)^{-t}=\lim\limits_{t\to\infty}\dfrac{1}{\left(1+\dfrac{1}{t}\right)^t}=\dfrac{1}{e}$.

或 $\lim\limits_{x\to\infty}\left(1-\dfrac{1}{x}\right)^x=\lim\limits_{x\to\infty}\left(1+\dfrac{1}{-x}\right)^{-x(-1)}=\left[\lim\limits_{x\to\infty}\left(1+\dfrac{1}{-x}\right)^{-x}\right]^{-1}=e^{-1}$.

例 1–37 求 $\lim\limits_{x\to\infty}\left(\dfrac{3+x}{2+x}\right)^{2x}$.

解 $\lim\limits_{x\to\infty}\left(\dfrac{3+x}{2+x}\right)^{2x}=\lim\limits_{x\to\infty}\left[\left(1+\dfrac{1}{x+2}\right)^{x+2}\right]^2\left(1+\dfrac{1}{x+2}\right)^{-4}=e^2$.

1.7 无 穷 小

1.7.1 无穷小的比较

观察两个无穷小比值的极限：$\lim\limits_{x\to 0}\dfrac{x^2}{3x}=0$，$\lim\limits_{x\to 0}\dfrac{3x}{x^2}=\infty$，$\lim\limits_{x\to 0}\dfrac{\sin x}{x}=1$.

两个无穷小比值的极限的各种不同情况，反映了不同的无穷小趋于零的"快慢"程度不同. 在 $x\to 0$ 的过程中，$x^2\to 0$ 比 $3x\to 0$ "收敛速度快些"，反过来，$3x\to 0$ 比 $x^2\to 0$ "收敛速度慢些"，而 $\sin x\to 0$ 与 $x\to 0$ "收敛速度快慢相当".

下面就无穷小之比的极限来说明两个无穷小收敛速度之间的比较.

定义 1–3 设 α 及 β 都是在同一个自变量的变化过程中的无穷小.

如果 $\lim\dfrac{\beta}{\alpha}=0$，就说 β 是比 α 高阶的无穷小，记为 $\beta=o(\alpha)$.

如果 $\lim\dfrac{\beta}{\alpha}=\infty$，就说 β 是比 α 低阶的无穷小.

如果 $\lim\dfrac{\beta}{\alpha}=c\neq 0$，就说 β 与 α 是同阶无穷小.

如果 $\lim\dfrac{\beta}{\alpha^k}=c\neq 0$，$k>0$，就说 β 是关于 α 的 k 阶无穷小.

如果 $\lim\dfrac{\beta}{\alpha}=1$，就说 β 与 α 是等价无穷小，记为 $\alpha\sim\beta$.

下面举一些例子.

例 1–38 因为 $\lim\limits_{x\to 0}\dfrac{3x^2}{x}=0$，所以当 $x\to 0$ 时，$3x^2$ 是比 x 高阶的无穷小，即 $3x^2=o(x)(x\to 0)$.

例 1–39 因为 $\lim\limits_{n\to\infty}\dfrac{\dfrac{1}{n}}{\dfrac{1}{n^2}}=\infty$，所以当 $n\to\infty$ 时，$\dfrac{1}{n}$ 是比 $\dfrac{1}{n^2}$ 低阶的无穷小.

例 1-40 因为 $\lim\limits_{x\to 3}\dfrac{x^2-9}{x-3}=6$,所以当 $x\to 3$ 时, x^2-9 与 $x-3$ 是同阶无穷小.

例 1-41 因为 $\lim\limits_{x\to 0}\dfrac{1-\cos x}{x^2}=\dfrac{1}{2}$,所以当 $x\to 0$ 时, $1-\cos x$ 是关于 x 的二阶无穷小.

例 1-42 因为 $\lim\limits_{x\to 0}\dfrac{\sin x}{x}=1$,所以当 $x\to 0$ 时, $\sin x$ 与 x 是等价无穷小,即 $\sin x \sim x(x\to 0)$.

关于等价无穷小的有关定理如下.

定理 1-16 β 与 α 是等价无穷小的充分必要条件为 $\beta=\alpha+o(\alpha)$.

证 必要性 设 $\alpha\sim\beta$,则 $\lim\dfrac{\beta-\alpha}{\alpha}=\lim\left(\dfrac{\beta}{\alpha}-1\right)=\lim\dfrac{\beta}{\alpha}-1=0$,因此 $\beta-\alpha=o(\alpha)$,即 $\beta=\alpha+o(\alpha)$.

充分性 设 $\beta=\alpha+o(\alpha)$,则 $\lim\dfrac{\beta}{\alpha}=\lim\dfrac{\alpha+o(\alpha)}{\alpha}=\lim\left[1+\dfrac{o(\alpha)}{\alpha}\right]=1$,因此 $\alpha\sim\beta$.

例 1-43 因为当 $x\to 0$ 时 $\sin x\sim x, \tan x\sim x, 1-\cos x\sim\dfrac{1}{2}x^2$,所以当 $x\to 0$ 时,有

$$\sin x=x+o(x),\quad \tan x=x+o(x),\quad 1-\cos x=\dfrac{1}{2}x^2+o(x^2).$$

例 1-44 $\lim\limits_{x\to 0}\dfrac{\arcsin x}{x}=\lim\limits_{t\to 0}\dfrac{t}{\sin t}=1$,即 $\arcsin x\sim x(x\to 0)$.

例 1-45 $\lim\limits_{x\to 0}\dfrac{\arctan x}{x}=\lim\limits_{t\to 0}\dfrac{t}{\tan t}=1$,即 $\arctan x\sim x(x\to 0)$.

例 1-46 $\lim\limits_{x\to 0}\dfrac{\ln(1+x)}{x}=\lim\limits_{x\to 0}\ln(1+x)^{\frac{1}{x}}=\lim\limits_{t\to e}\ln t=1$,即 $\ln(1+x)\sim x(x\to 0)$.

例 1-47 $\lim\limits_{x\to 0}\dfrac{e^x-1}{x}=\lim\limits_{t\to 0}\dfrac{t}{\ln(1+t)}=1$,即 $e^x-1\sim x(x\to 0)$.

例 1-48 证明当 $x\to 0$ 时 $\sqrt[n]{1+x}-1\sim\dfrac{1}{n}x$.

证 利用 $a^n-b^n=(a-b)(a^{n-1}+a^{n-2}b+\cdots+b^{n-1})$,得

$$\lim_{x\to 0}\dfrac{\sqrt[n]{1+x}-1}{\dfrac{1}{n}x}=\lim_{x\to 0}\dfrac{\left(\sqrt[n]{1+x}\right)^n-1}{\dfrac{1}{n}x\left[\left(\sqrt[n]{1+x}\right)^{n-1}+\left(\sqrt[n]{1+x}\right)^{n-2}+\cdots+1\right]}=1.$$

因此,当 $x\to 0$ 时, $\sqrt[n]{1+x}-1\sim\dfrac{1}{n}x$.

以上的等价量可以推广到复合形式:

重要等价量 当 $u(x)\to 0$ 时, $\sin u\sim u$, $\tan u\sim u$, $1-\cos u\sim\dfrac{1}{2}u^2$, $\arctan u\sim u$, $\arcsin u\sim u$, $\ln(1+u)\sim u$, $e^u-1\sim u$, $(1+u)^\alpha-1\sim\alpha u$.

1.7.2 等价量替换求极限

定理 1-17 设 $\alpha \sim \alpha'$, $\beta \sim \beta'$, 且 $\lim \dfrac{\beta'}{\alpha'}$ 存在, 则 $\lim \dfrac{\beta}{\alpha} = \lim \dfrac{\beta'}{\alpha'}$.

证 $\lim \dfrac{\beta}{\alpha} = \lim \dfrac{\beta}{\beta'} \cdot \dfrac{\beta'}{\alpha'} \cdot \dfrac{\alpha'}{\alpha} = \lim \dfrac{\beta}{\beta'} \cdot \lim \dfrac{\beta'}{\alpha'} \cdot \lim \dfrac{\alpha'}{\alpha} = \lim \dfrac{\beta'}{\alpha'}$.

定理 1-17 表明, 对于两个无穷小之比的极限 ($\dfrac{0}{0}$ 型的未定式), 分子及分母的无穷小因子可用等价无穷小来代替, 而使计算简化.

例 1-49 求 $\lim\limits_{x \to 0} \dfrac{\tan 2x}{\sin 5x}$.

解 当 $x \to 0$ 时, $\tan 2x \sim 2x$, $\sin 5x \sim 5x$, 所以 $\lim\limits_{x \to 0} \dfrac{\tan 2x}{\sin 5x} = \lim\limits_{x \to 0} \dfrac{2x}{5x} = \dfrac{2}{5}$.

例 1-50 求 $\lim\limits_{x \to 0} \dfrac{\sin x}{x^3 + 3x}$.

解 当 $x \to 0$ 时, $\sin x \sim x$, 所以 $\lim\limits_{x \to 0} \dfrac{\sin x}{x^3 + 3x} = \lim\limits_{x \to 0} \dfrac{x}{x^2 + 3} = \lim\limits_{x \to 0} \dfrac{1}{x^2 + 3} = \dfrac{1}{3}$.

例 1-51 求 $\lim\limits_{x \to 0} \dfrac{\tan x - \sin x}{x^3}$.

解 $\lim\limits_{x \to 0} \dfrac{\tan x - \sin x}{x^3} = \lim\limits_{x \to 0} \dfrac{\tan x (1 - \cos x)}{x^3} = \lim\limits_{x \to 0} \dfrac{x \cdot \dfrac{x^2}{2}}{x^3} = \dfrac{1}{2}$.

本题若未经因式分解, 直接对非因子进行等价量替换 $\lim\limits_{x \to 0} \dfrac{\tan x - \sin x}{x^3} = \lim\limits_{x \to 0} \dfrac{x - x}{x^3} = 0$ 就会发生错误, 因为等价量替换只能替换无穷小因子.

1.8 函数的连续性与间断点

1.8.1 函数的连续性

观察图 1-39 所示图形.

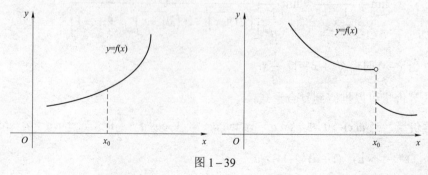

图 1-39

1. 函数在一点连续的定义

设 $y=f(x)$ 在点 x_0 的某一个邻域内是有定义的,如果 $\lim\limits_{x \to x_0} f(x) = f(x_0)$,则称函数 $y=f(x)$ 在点 x_0 处连续.

函数 $y=f(x)$ 在点 x_0 处连续,则以下条件缺一不可:

① $f(x)$ 在点 x_0 有定义;② $\lim\limits_{x \to x_0} f(x)$ 存在;③ $\lim\limits_{x \to x_0} f(x) = f(x_0)$.

设 $y=f(x)$ 在点 x_0 的某一个邻域内是有定义的. x 在这邻域内从 x_0 变到 x,称 $\Delta x = x - x_0$ 为自变量在点 x_0 的增量. 函数 y 相应地从 $f(x_0)$ 变到 $f(x)$,因此,函数 y 对应的增量为 $\Delta y = f(x) - f(x_0)$ (见图 1-40).

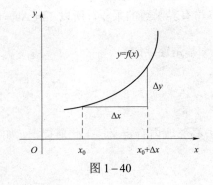

图 1-40

2. 函数连续的等价定义

设 $x = x_0 + \Delta x$,则当 $x \to x_0$ 时,$\Delta x \to 0$,因此

$y = f(x)$ 在点 x_0 处连续 $\Leftrightarrow \lim\limits_{x \to x_0} f(x) = f(x_0) \Leftrightarrow \lim\limits_{x \to x_0}[f(x) - f(x_0)] = 0$

$\Leftrightarrow \lim\limits_{\Delta x \to 0}[f(x_0 + \Delta x) - f(x_0)] = 0 \Leftrightarrow \lim\limits_{\Delta x \to 0} \Delta y = 0.$

3. 单侧连续性的定义

如果 $\lim\limits_{x \to x_0^-} f(x) = f(x_0)$,则称 $y=f(x)$ 在点 x_0 处左连续.

如果 $\lim\limits_{x \to x_0^+} f(x) = f(x_0)$,则称 $y=f(x)$ 在点 x_0 处右连续.

函数 $y=f(x)$ 在点 x_0 处连续 $\Leftrightarrow$ 函数 $y=f(x)$ 在点 x_0 处左连续且右连续.

例 1-52 讨论函数 $f(x) = \begin{cases} x - 2 & x < 0 \\ x + 2 & x \geq 0 \end{cases}$ 在点 $x_0 = 0$ 的连续性(见图 1-41).

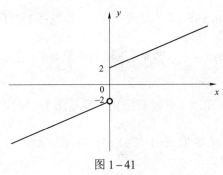

图 1-41

解 因为 $\lim\limits_{x \to 0^-} f(x) = \lim\limits_{x \to 0^-}(x-2) = -2$, $\lim\limits_{x \to 0^+} f(x) = \lim\limits_{x \to 0^+}(x+2) = 2 = f(0)$, 该函数在 $x_0 = 0$ 右连续但不是左连续, 因此, 在点 $x_0 = 0$ 处不连续.

4. 函数在区间上的连续性

在区间上每一点都连续的函数,叫作在该区间上的连续函数,或者说函数在该区间上连续. 如果区间包括端点,那么函数在右端点连续是指左连续,在左端点连续是指右连续.

连续函数在连续区间上的图形是一条连续不断的曲线.

例 1-53 证明 $y = \sin x$ 在区间 $(-\infty, +\infty)$ 内是连续的.

证 设 x 为区间 $(-\infty, +\infty)$ 内任意一点. 则有 $\Delta y = \sin(x + \Delta x) - \sin x = 2\sin\dfrac{\Delta x}{2}\cos\left(x + \dfrac{\Delta x}{2}\right)$,

因为当 $\Delta x \to 0$ 时, Δy 是无穷小与有界函数的乘积, 所以 $\lim\limits_{\Delta x \to 0} \Delta y = 0$. 这就证明了函数 $y = \sin x$ 在区间 $(-\infty, +\infty)$ 内任意一点 x 都是连续的.

1.8.2 函数的间断点

1. 间断点定义

设函数 $f(x)$ 在点 x_0 的某去心邻域内有定义. 在此前提下, 如果函数 $f(x)$ 有下列 3 种情形之一:

（1）在 x_0 没有定义;

（2）虽然在 x_0 有定义, 但 $\lim\limits_{x \to x_0} f(x)$ 不存在;

（3）虽然在 x_0 有定义且 $\lim\limits_{x \to x_0} f(x)$ 存在, 但 $\lim\limits_{x \to x_0} f(x) \neq f(x_0)$.

则函数 $f(x)$ 在点 x_0 处不连续, 而点 x_0 称为函数 $f(x)$ 的不连续点或间断点.

2. 间断点的类型

第一类间断点: 左极限及右极限都存在的间断点.

（1）若左右极限相等, 但 $\lim\limits_{x \to x_0} f(x) \neq f(x_0)$ 或 $f(x)$ 在 x_0 无定义, 则称 x_0 为可去间断点.

（2）若左右极限不相等, 则称 x_0 为跳跃间断点.

第二类间断点: 左极限及右极限至少一个不存在.

（1）左极限和右极限至少有一个为 ∞, 则称 x_0 为无穷间断点.

（2）左极限和右极限至少有一个不存在, 也不是 ∞, 则称 x_0 为振荡间断点.

例 1-54 正切函数 $y = \tan x$ 在 $x = \dfrac{\pi}{2}$ 处没有定义(参见图 1-18), 所以点 $x = \dfrac{\pi}{2}$ 是函数 $\tan x$ 的第二类间断点. 因为 $\lim\limits_{x \to \frac{\pi}{2}} \tan x = \infty$, 故 $x = \dfrac{\pi}{2}$ 称为函数 $\tan x$ 的无穷间断点.

例 1-55 函数 $y = \sin\dfrac{1}{x}$ 在点 $x = 0$ 没有定义(参见图 1-34), 所以点 $x = 0$ 是函数 $\sin\dfrac{1}{x}$ 的第二类间断点. 当 $x \to 0$ 时, 函数值在 -1 与 $+1$ 之间振荡, 所以点 $x = 0$ 称为函数 $\sin\dfrac{1}{x}$ 的振荡间断点.

例 1-56 函数 $y = \dfrac{x^2-1}{x-1}$ 在 $x=1$ 没有定义（见图 1-42），所以点 $x=1$ 是函数的间断点.

因为 $\lim\limits_{x \to 1} \dfrac{x^2-1}{x-1} = \lim\limits_{x \to 1}(x+1) = 2$，$x=1$ 称为该函数的第一类间断点. 如果补充定义：令 $x=1$ 时 $y=2$，则所给函数在 $x=1$ 成为连续. 所以 $x=1$ 称为该函数的可去间断点.

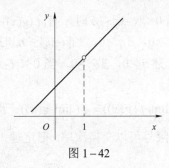

图 1-42

例 1-57 设函数 $f(x) = \begin{cases} x-1 & x<0 \\ 0 & x=0 \\ x+1 & x>0 \end{cases}$ （参见图 1-32）.

因为 $\lim\limits_{x \to 0^-} f(x) = \lim\limits_{x \to 0^-}(x-1) = -1$，$\lim\limits_{x \to 0^+} f(x) = \lim\limits_{x \to 0^+}(x+1) = 1$，$\lim\limits_{x \to 0^-} f(x) \neq \lim\limits_{x \to 0^+} f(x)$，所以 $x=0$ 为函数 $f(x)$ 的第一类间断点中的跳跃间断点.

1.9 连续函数的运算与初等函数的连续性

1.9.1 连续函数的和（差）、积及商的连续性

定理 1-18 设函数 $f(x)$ 和 $g(x)$ 在点 x_0 连续，则函数

$$f(x) \pm g(x),\ f(x) \cdot g(x),\ \dfrac{f(x)}{g(x)}\ （当 g(x_0) \neq 0 时）在点 x_0 也连续.$$

例 1-58 $\sin x$ 和 $\cos x$ 都在区间 $(-\infty, +\infty)$ 内连续，故由定理 1-18 知 $\tan x$、$\cot x$、$\sec x$、$\csc x$ 在它们的定义区间内是连续的.

1.9.2 反函数与复合函数的连续性

定理 1-19 如果函数 $f(x)$ 在区间 I_x 上单调增加（或单调减少）且连续，那么它的反函数 $x = f^{-1}(y)$ 也在对应的区间 $I_y = \{y \mid y = f(x), x \in I_x\}$ 上单调增加（或单调减少）且连续.

例 1-59 由于 $y = \sin x$ 在区间 $\left[-\dfrac{\pi}{2}, \dfrac{\pi}{2}\right]$ 上单调增加且连续，所以它的反函数 $y = \arcsin x$ 在区间 $[-1, 1]$ 上也是单调增加且连续的.

同样，$y = \arccos x$ 在区间 $[-1, 1]$ 上也是单调减少且连续；$y = \arctan x$ 在区间 $(-\infty, +\infty)$ 内单调增加且连续；$y = \mathrm{arccot}\, x$ 在区间 $(-\infty, +\infty)$ 内单调减少且连续.

总之，反三角函数 $\arcsin x$、$\arccos x$、$\arctan x$、$\mathrm{arccot}\, x$ 在它们的定义域内都是连续的.

例 1-60 由于 $y=a^x(0<a<1$ 或 $a>1)$ 在区间 $(-\infty, +\infty)$ 内是连续的，因此，其反函数 $y = \log_a x (0<a<1$ 或 $a>1)$ 在区间 $(0, +\infty)$ 内也连续。

定理 1-20 设函数 $y = f(g(x))$ 由函数 $y = f(u)$ 与函数 $u = g(x)$ 复合而成，$\mathring{U}(x_0) \subset D_{f \circ g}$. 若 $\lim\limits_{x \to x_0} g(x) = u_0$，而函数 $y = f(u)$ 在 u_0 连续，则 $\lim\limits_{x \to x_0} f(g(x)) = \lim\limits_{u \to u_0} f(u) = f(u_0)$.

证 要证 $\forall \varepsilon > 0$，$\exists \delta > 0$，当 $0 < |x - x_0| < \delta$ 时，有 $|f(g(x)) - f(u_0)| < \varepsilon$.

因为 $f(u)$ 在 u_0 连续，所以 $\forall \varepsilon > 0$，$\exists \eta > 0$，当 $|u - u_0| < \eta$ 时，有 $|f(u) - f(u_0)| < \varepsilon$.

又 $g(x) \to u_0 (x \to x_0)$，所以对上述 $\eta > 0$，$\exists \delta > 0$，当 $0 < |x - x_0| < \delta$ 时，有 $|g(x) - u_0| < \eta$.

从而 $|f[g(x)] - f(u_0)| < \varepsilon$.

定理 1-20 的结论也可写成 $\lim\limits_{x \to x_0} f(g(x)) = f(\lim\limits_{x \to x_0} g(x))$. 当求复合函数 $f(g(x))$ 的极限时，若 $f(u)$ 连续，则函数符号 f 与极限号可以交换次序. 把定理 1-20 中的 $x \to x_0$ 换成 $x \to \infty$，可得类似的定理.

例 1-61 求 $\lim\limits_{x \to 3} \sqrt{\dfrac{x-3}{x^2-9}}$.

解 $y = \sqrt{\dfrac{x-3}{x^2-9}}$ 是由 $y = \sqrt{u}$ 与 $u = \dfrac{x-3}{x^2-9}$ 复合而成的. $\lim\limits_{x \to 3} \dfrac{x-3}{x^2-9} = \dfrac{1}{6}$，函数 $y = \sqrt{u}$ 在点 $u = \dfrac{1}{6}$ 连续，从而 $\lim\limits_{x \to 3} \sqrt{\dfrac{x-3}{x^2-9}} = \sqrt{\lim\limits_{x \to 3} \dfrac{x-3}{x^2-9}} = \sqrt{\dfrac{1}{6}}$.

定理 1-21 设函数 $y = f(g(x))$ 由函数 $y = f(u)$ 与函数 $u = g(x)$ 复合而成，$U(x_0) \subset D_{f \circ g}$. 若函数 $u = g(x)$ 在点 x_0 连续，函数 $y = f(u)$ 在点 $u_0 = g(x_0)$ 连续，则复合函数 $y = f(g(x))$ 在点 x_0 也连续.

例 1-62 讨论函数 $y = \sin\dfrac{1}{x}$ 的连续性（参见图 1-34）.

解 函数 $y = \sin\dfrac{1}{x}$ 是由 $y = \sin u$ 及 $u = \dfrac{1}{x}$ 复合而成的. $\sin u$ 当 $-\infty < u < +\infty$ 时是连续的，$\dfrac{1}{x}$ 当 $-\infty < x < 0$ 和 $0 < x < +\infty$ 时是连续的，根据定理 1-21，函数 $\sin\dfrac{1}{x}$ 在无限区间 $(-\infty, 0)$ 和 $(0, +\infty)$ 内是连续的.

例 1-63 由于 $y = x^\mu = e^{\mu \ln x}$，由指数函数和对数函数的连续性，知 $y = x^\mu$ 在 $(0, +\infty)$ 内是连续的. 如果对于 μ 取各种不同值加以分别讨论，可以证明幂函数在它的定义区间内是连续的.

综上，基本初等函数在它们的定义区间内都是连续的.

1.9.3 初等函数的连续性

由基本初等函数的连续性及本节有关定理可得下列重要结论：一切初等函数在其定义区间内都是连续的. 因此，如果 $f(x)$ 是初等函数，且 x_0 是 $f(x)$ 的定义区间内的点，则 $\lim\limits_{x \to x_0} f(x) = f(x_0)$.

例 1-64 求 $\lim\limits_{x \to \frac{\pi}{2}} \ln \sin x$.

解 初等函数 $f(x)=\ln\sin x$ 在点 $x_0=\dfrac{\pi}{2}$ 是有定义的,所以 $\lim\limits_{x\to\frac{\pi}{2}}\ln\sin x=\ln\sin\dfrac{\pi}{2}=0$.

例 1-65 求 $\lim\limits_{x\to 0}\dfrac{\sqrt{1+x^2}-1}{x}$.

解 $\lim\limits_{x\to 0}\dfrac{\sqrt{1+x^2}-1}{x}=\lim\limits_{x\to 0}\dfrac{(\sqrt{1+x^2}-1)(\sqrt{1+x^2}+1)}{x(\sqrt{1+x^2}+1)}=\lim\limits_{x\to 0}\dfrac{x}{\sqrt{1+x^2}+1}=\dfrac{0}{2}=0$.

例 1-66 求 $\lim\limits_{x\to 0}\dfrac{\log_a(1+x)}{x}$.

解 $\lim\limits_{x\to 0}\dfrac{\log_a(1+x)}{x}=\lim\limits_{x\to 0}\log_a(1+x)^{\frac{1}{x}}=\log_a e=\dfrac{1}{\ln a}$.

例 1-67 求 $\lim\limits_{x\to 0}\dfrac{a^x-1}{x}$.

解 令 $a^x-1=t$,则 $x=\log_a(1+t)$,当 $x\to 0$ 时,$t\to 0$,于是 $\lim\limits_{x\to 0}\dfrac{a^x-1}{x}=\lim\limits_{t\to 0}\dfrac{t}{\log_a(1+t)}=\ln a$.

由例 1-66、例 1-67 得:当 $x\to 0$ 时,$\log_a(1+x)\sim\dfrac{x}{\ln a}$,$a^x-1\sim x\ln a$.

1.10 闭区间上连续函数的性质

1.10.1 最值定理

定理 1-22(最大值和最小值定理) 在闭区间上连续的函数在该区间上一定能取得它的最大值和最小值. 即至少有一点 ξ_1、$\xi_2\in[a,b]$,使得 $f(\xi_1)=\min\limits_{a\leqslant x\leqslant b}f(x)$,$f(\xi_2)=\max\limits_{a\leqslant x\leqslant b}f(x)$.

注 如果函数在开区间内连续,或函数在闭区间上有间断点,那么函数在该区间上就不一定有最大值或最小值(见图 1-43).

例如,函数 $y=x$ 在开区间 $(0,1)$ 上无最值(见图 1-44).

又如,函数 $y=f(x)=\begin{cases}-x+1 & 0\leqslant x<1\\ 1 & x=1\\ -x+3 & 1<x\leqslant 2\end{cases}$ 在闭区间 $[0,2]$ 上无最大值和最小值(见图 1-45).

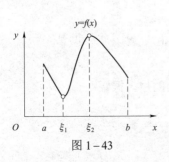

图 1-43

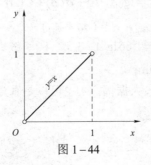

图 1-44

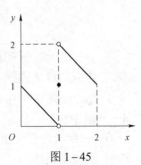

图 1-45

推论 1-9（有界性） 在闭区间上连续的函数一定在该区间上有界.

1.10.2 介值定理

零点：如果有一点 x_0 使 $f(x_0)=0$，则 x_0 称为函数 $f(x)$ 的零点.

定理 1-23（零点定理） 设函数 $f(x)$ 在闭区间 $[a, b]$ 上连续，且 $f(a)$ 与 $f(b)$ 异号，那么在开区间 (a, b) 内至少有一点 ξ，使 $f(\xi)=0$（见图 1-46）.

定理 1-24（介值定理） 设函数 $f(x)$ 在闭区间 $[a,b]$ 上连续，且 $f(a) \neq f(b)$，那么，对于 $f(a)$ 与 $f(b)$ 之间的任意一个数 C，在开区间 (a,b) 内至少有一点 ξ，使得 $f(\xi)=C$（见图 1-47）.

证 设 $\varphi(x)=f(x)-C$，则 $\varphi(x)$ 在闭区间 $[a, b]$ 上连续，且 $\varphi(a)=A-C$ 与 $\varphi(b)=B-C$ 异号. 根据零点定理，在开区间 (a, b) 内至少有一点 ξ 使得 $\varphi(\xi)=0(a<\xi<b)$. 但 $\varphi(\xi)=f(\xi)-C$，因此，由上式即得 $f(\xi)=C(a<\xi<b)$.

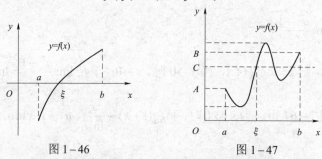

图 1-46　　　　　图 1-47

推论 1-10 在闭区间上连续的函数必取得介于最大值 M 与最小值 m 之间的任何值.

例 1-68 证明方程 $x^3-4x^2+1=0$ 在区间 $(0,1)$ 内至少有一个根.

证 函数 $f(x)=x^3-4x^2+1$ 在闭区间 $[0,1]$ 上连续，又 $f(0)=1>0$，$f(1)=-2<0$. 根据零点定理，在 $(0,1)$ 内至少有一点 ξ，使得 $f(\xi)=0$，即 $\xi^3-4\xi^2+1=0(0<\xi<1)$. 该等式说明方程 $x^3-4x^2+1=0$ 在区间 $(0,1)$ 内至少有一个根是 ξ.

1.11 知识拓展

1.11.1 函数的定义

1. 面波震级的定义

中国的地震报告对于 1966 年 1 月以后的都采用郭履灿等人提出的以北京白家疃地震台为基准的面波震级公式

$$M_S = \lg(A/T) + \sigma(\Delta) + C(\Delta) + D,$$
$$A = (A_E^2 + A_N^2)^{1/2},$$
$$\sigma(\Delta) = 1.66\lg\Delta + 3.5, \quad 1° < \Delta < 130°,$$

式中：A——体波的最大振幅，μm；

A_E，A_N——两水平向的最大振幅，A 也可以是垂直向的最大振幅；

Δ——震中距；

$C(\Delta)$——台站台基校正值；

T——面波周期；

D——震源校正值；

$\sigma(\Delta)$——北京白家疃地震台采用的震级校正值.

这个公式一直沿用到现在，而实际工作中均令 $C(\Delta)$ 和 D 为 0.

2. 体波震级的定义

用体波 P、S、PP、PKP 等最大振幅测定的震级称作体波震级，体波震级分为由短周期地震仪测定的体波震级 M_b 和由中长周期地震仪测定的体波震级 M_B. M_b 是用 1 s 左右的地震体波振幅来量度地震的大小，而 M_B 是用 5 s 左右的地震体波振幅来量度地震的大小，但两者的计算公式都用古登堡提出的体波震级计算公式

$$M_B = \lg(A/T)_{\max} + Q(\Delta, h) + C,$$
$$A = (A_E^2 + A_N^2)^{1/2},$$

式中：A——体波的最大振幅，μm；

A_E，A_N——两水平向的最大振幅，A 也可以是垂直向的最大振幅；

$Q(\Delta, h)$——量规函数，它是震中距和震源深度的函数；

C——台站校正值.

3. 矩震级标度的定义

矩震级标度的定义为：

$$M_W = \frac{2}{3} \lg M_0 - 6.033,$$

式中：M_0——地震矩，$N \cdot m$.

现在越来越多的数字地震记录台网中心利用宽频带数字地震观测资料测定地震矩和矩震级. 数字记录不但可以测定强震和远震的矩震级，也可以测定小震和区域地方震的矩震级.

4. 折合走时的定义

为了更清楚地研究走时、震中距及 p 参数之间的关系，地震学中引入

$$\tau(p) = T(p) - pX(p),$$

式中：$T(p)$，$X(p)$——射线参数为 p 的走时和震中距；

τ——折合走时.

1.11.2 和差化积公式的应用

两个频率的波束稍有不同的谐波求和

$$u(x,t) = \cos(\omega_1 t - k_1 x) + \cos(\omega_2 t - k_2 x),$$

令 $\omega = \dfrac{\omega_1 + \omega_2}{2}$，$\delta\omega = \dfrac{\omega_2 - \omega_1}{2}$，$k = \dfrac{k_1 + k_2}{2}$，$\delta k = \dfrac{k_2 - k_1}{2}$，频率 ω 和波数 k 为平均频率和波数.

相对于平均频率 ω 和波数 k，有

$$\omega_1 = \omega - \delta\omega, \quad k_1 = k - \delta k,$$
$$\omega_2 = \omega + \delta\omega, \quad k_2 = k + \delta k.$$

因此，有

$$u(x,t) = \cos(\omega t - \delta\omega t - kx + \delta kx) + \cos(\omega t + \delta\omega t - kx - \delta kx)$$
$$= \cos[(\omega t - kx) - (\delta\omega t - \delta kx)] + \cos[(\omega t - kx) + (\delta\omega t - \delta kx)]$$

$$= 2\cos(\omega t - kx)\cos(\delta\omega t - \delta kx).$$

物理意义：当不同频率成分的波以不同的速度传播时，脉冲在传播中不会保持同样的形状，而是随着频率而分离．这导致干涉效应，使得在某些特定的时间，能量相互抵消，干涉相消，而某些特定的时间干涉相长．

本 章 习 题

1. 选择题

（1）下列各量无穷小的是_____．

  A. $\dfrac{x^2-4}{x-2}\ (x \to 2)$ B. $\dfrac{1+\sin x}{1-\cos x}\ (x \to 0)$

  C. $\dfrac{n+2}{n^2-2}\ (n \to \infty)$ D. $\dfrac{3n+2}{4n-2}\ (n \to \infty)$

（2）下列命题正确的是_____．

  A. 两个无穷小的商是无穷小   B. 无穷小与无穷大之积是无穷小

  C. 非零的无穷小的倒数是无穷大   D. 两个无穷大的和一定是无穷大

（3）$\lim\limits_{x \to 1}\dfrac{x^2+ax+b}{x^2+x-2}=2$，则_____．

  A. $a=2$，$b=4$ B. $a=4$，$b=-5$ C. $a=1$，$b=-2$ D. $a=-4$，$b=5$

（4）已知 $\lim\limits_{x \to a}f(x)=\lim\limits_{x \to a}g(x)$，则 $\lim\limits_{x \to a}\dfrac{f(x)}{g(x)}=$_____．

  A. 1   B. 0   C. ∞ D. 不能确定

（5）函数 $f(x)$ 在点 x_0 具有极限是 $f(x)$ 在点 x_0 连续的_____．

  A. 必要条件   B. 充分条件

  C. 充要条件   D. 既不是必要条件，也不是充分条件

（6）若 $\lim\limits_{x \to 3}\dfrac{x^2-2x+k}{x-3}=4$，则 $k=$_____．

  A. -1 B. -3 C. 0   D. 2

（7）$\lim\limits_{x \to 0}\dfrac{x}{|x|}=$_____．

  A. 1   B. -1 C. 0   D. 不存在

（8）极限 $\lim\limits_{x \to 0}\left(1+x\mathrm{e}^x\right)^{1/x}=$_____．

  A. e B. 0   C. 1   D. e^{-1}

（9）函数 $f(x)\begin{cases}\dfrac{1}{1+\mathrm{e}^{1/x}} & x \neq 0 \\ 0 & x=0\end{cases}$ 在 $x=0$ 处的左、右连续性_____．

A. 左不连续、右连续　　　　　　B. 左不连续、右不连续
C. 左连续、右不连续　　　　　　D. 左连续、右连续

2. 填空题

（1） $\lim\limits_{x\to\infty}\left(\dfrac{3+x}{6+x}\right)^{\frac{x-1}{2}} = $ _____ .

（2） $\lim\limits_{n\to\infty}\left(\dfrac{1}{\sqrt{n^2+1}} + \dfrac{1}{\sqrt{n^2+2}} + \cdots + \dfrac{1}{\sqrt{n^2+n}}\right) = $ _____ .

（3）设 $Q(x)$ 是多项式，且 $\lim\limits_{x\to\infty}\dfrac{Q(x)-x^3}{x^2}=2$，$\lim\limits_{x\to 0}\dfrac{Q(x)}{x}=1$，则 $Q(x) = $ _____ .

（4）函数 $y = \dfrac{x^3+3x^2-x-3}{x^2+x-2}$ 的连续区间为 _____ .

（5）设函数 $f(x)$ 在区间 $(-\infty,+\infty)$ 内连续，且 $f(x) = \dfrac{3^x-2^x}{x}(x>0)$，那么 $f(0) = $ _____ .

（6）函数 $f(x) = 3^{\frac{1}{x}}$ 在 $x=0$ 处为第 _____ 类间断点.

（7）设函数 $f(x) = \begin{cases}(\cos x)^{-x^2} & x\neq 0 \\ a & x=0\end{cases}$，若 $f(x)$ 在点 $x=0$ 处连续，则 $a = $ _____ .

（8）设函数 $f(x) = \begin{cases}\dfrac{\sin 2x + e^{2ax} - 1}{x} & x\neq 0 \\ a & x=0\end{cases}$ 在区间 $(-\infty,+\infty)$ 内连续，那么 $a = $ _____ .

3. 计算题

1）求下列极限.

（1） $\lim\limits_{x\to\frac{\pi}{4}}(\sin 2x)^3$

（2） $\lim\limits_{x\to 0}\dfrac{(1+ax)^{1/n}-1}{x}(n\in\mathbf{N})$

（3） $\lim\limits_{x\to 0}\dfrac{1-\cos 2x}{x\sin x}$

（4） $\lim\limits_{x\to 0}(1+\tan x)^{\frac{1}{x}}$

（5） $\lim\limits_{x\to 0}\dfrac{\sqrt{1+x\sin x}-\cos x}{\sin^2\frac{x}{2}}$

（6） $\lim\limits_{x\to 0}\left(\dfrac{a^x+b^x+c^x}{3}\right)^{\frac{1}{x}}$（$a>0$，$b>0$，$c>0$）

2）讨论函数 $f(x) = \dfrac{x\arctan\dfrac{1}{x-1}}{\sin\dfrac{\pi}{2}x}$ 的连续性，并判断其间断点的类型.

3）某公司决定进行一项投资，该投资规定以年利率 6% 的连续复利计算利息，5 年后该项投资可获得本息共 100 万元. 问该公司需投入多少本金？

4）计算下列函数的定义域.

（1） $y = \dfrac{\lg(3-x)}{\sqrt{x-1}}$ （2） $y = \dfrac{1}{1-x^2} + \sqrt{1+x}$

5）指出下列函数的奇偶性.

（1） $y = \lg\dfrac{1-x}{1+x}(-1<x<1)$ （2） $y = x\cos x + \sin x$

4. 证明题

（1）设函数 $f(x)$ 在区间 $[a,b]$ 上连续，且 $f(a)<a$，$f(b)>b$. 证明：$\exists \xi \in (a,b)$，使得 $f(\xi) = \xi$.

（2）证明方程 $x = a\sin x + b$（其中 $a>0, b>0$）至少有一个不超过 $a+b$ 的正根.

第 2 章　导数与微分

微分学是微积分的重要组成部分. 本章将讨论一元函数导数和微分的概念、性质及计算方法.

2.1　导数概念

2.1.1　引例

下面将通过两个引例：非匀速直线运动的速度问题和曲线上一点处的切线问题说明微分学的基本概念——导数.

引例 2-1　非匀速直线运动的速度

设一质点在一数轴上做非匀速运动. 设质点于时刻 t 在数轴上的位置坐标为 s（简称位置 s），s 是 t 的函数：$s=f(t)$，求质点在时刻 t_0 的速度. 取从时刻 t_0 到 t 这样一个时间间隔，在这段时间内，质点从位置 $s_0=f(t_0)$ 移动到 $s=f(t)$. 考虑比值

$$\frac{s-s_0}{t-t_0}=\frac{f(t)-f(t_0)}{t-t_0}. \qquad (2-1)$$

这个比值可以认为是质点在时间间隔 $t-t_0$ 内的平均速度. 如果时间间隔较短，这个比值在实践中也可用来说明质点在时刻 t_0 的速度. 但这样做是不精确的，更确切地应当这样：令 $t-t_0\to 0$，取式（2-1）的极限，如果这个极限存在，设为 v，即

$$v=\lim_{t\to t_0}\frac{f(t)-f(t_0)}{t-t_0}. \qquad (2-2)$$

这时就把这个极限值 v 称为质点在时刻 t_0 的（瞬时）速度.

引例 2-2　曲线上一点处的切线

设有曲线 C 及 C 上的一点 M，在点 M 外另取 C 上一点 N（见图 2-1），作割线 MN. 当点 N 沿曲线 C 趋于点 M 时，如果割线 MN 绕点 M 旋转而趋于极限位置 MT，直线 MT 就称为曲线 C 在点 M 处的**切线**.

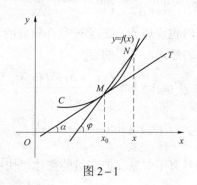

图 2-1

设曲线 C 是函数 $y=f(x)$ 的图形,点 $M(x_0, y_0)(y_0=f(x_0))$ 是曲线 C 上一点. 现在要确定曲线在点 $M(x_0, y_0)$ 处的切线,只要确定出切线的斜率即可. 为此,在点 M 外另取 C 上一点 $N(x, y)$,于是割线 MN 的斜率为

$$\tan\varphi = \frac{y - y_0}{x - x_0} = \frac{f(x) - f(x_0)}{x - x_0},$$

其中,φ 为割线 MN 的倾角. 当点 N 沿曲线 C 趋于点 M 时,$x \to x_0$. 如果当 $x \to x_0$ 时,上式的极限存在,设为 k,即

$$k = \lim_{x \to x_0} \frac{f(x) - f(x_0)}{x - x_0} \tag{2-3}$$

存在,则此极限 k 是割线斜率的极限,也就是切线的斜率. 这里 $k = \tan\alpha$,其中 α 是切线 MT 的倾角. 于是,通过点 $M(x_0, f(x_0))$ 且以 k 为斜率的直线 MT 便是曲线 C 在点 M 处的切线.

2.1.2 导数的定义

1. 函数在一点处的导数与导函数

从上面所讨论的两个问题可以看出,非匀速直线运动的速度和切线的斜率都归结为下列极限:

$$\lim_{x \to x_0} \frac{f(x) - f(x_0)}{x - x_0}. \tag{2-4}$$

令 $\Delta x = x - x_0$,则 $\Delta y = f(x_0 + \Delta x) - f(x_0) = f(x) - f(x_0)$,$x \to x_0$ 相当于 $\Delta x \to 0$,于是 $\lim_{x \to x_0} \frac{f(x) - f(x_0)}{x - x_0}$ 成为 $\lim_{\Delta x \to 0} \frac{\Delta y}{\Delta x}$ 或 $\lim_{\Delta x \to 0} \frac{f(x_0 + \Delta x) - f(x_0)}{\Delta x}$.

抛开所求量的具体意义,抓住它们在数量上的共性,就可以得到导数的概念.

定义 2-1 设函数 $y = f(x)$ 在点 x_0 的某个邻域内有定义,当自变量 x 在 x_0 处取得增量 Δx (点 $x_0 + \Delta x$ 仍在该邻域内)时,相应地函数 y 取得增量 $\Delta y = f(x_0 + \Delta x) - f(x_0)$. 如果 Δy 与 Δx 之比当 $\Delta x \to 0$ 时的极限存在,则称函数 $y = f(x)$ 在点 x_0 处可导,并称这个极限为函数 $y = f(x)$ 在点 x_0 处的导数,记为 $f'(x_0)$ 或 $y'|_{x=x_0}$ 或 $\dfrac{dy}{dx}\bigg|_{x=x_0}$ 或 $\dfrac{df(x)}{dx}\bigg|_{x=x_0}$,即

$$f'(x_0) = \lim_{\Delta x \to 0} \frac{\Delta y}{\Delta x} = \lim_{\Delta x \to 0} \frac{f(x_0 + \Delta x) - f(x_0)}{\Delta x}. \tag{2-5}$$

函数 $f(x)$ 在点 x_0 处可导时也说成 $f(x)$ 在点 x_0 具有导数或导数存在.

导数的定义式也可取不同的形式,常见的有

$$f'(x_0) = \lim_{h \to 0} \frac{f(x_0 + h) - f(x_0)}{h}, \tag{2-6}$$

$$f'(x_0) = \lim_{x \to x_0} \frac{f(x) - f(x_0)}{x - x_0}. \tag{2-7}$$

在实际中,需要讨论各种具有不同意义的变量的变化"快慢"问题,在数学上就是所谓

函数的变化率问题. 导数概念就是函数变化率这一概念的精确描述，它反映了因变量随自变量的变化而变化的快慢程度.

如果极限（2-5）不存在，就说函数 $y=f(x)$ 在点 x_0 处不可导. 如果不可导的原因是 $\lim\limits_{\Delta x \to 0} \dfrac{\Delta y}{\Delta x} \to \infty$，也往往说成是函数 $y=f(x)$ 在点 x_0 处的导数为无穷大.

定义 2-2 如果函数 $y=f(x)$ 在开区间 I 内的每点处都可导，就称函数 $f(x)$ 在开区间 I 内可导，这时，对于任一 $x \in I$，都对应着 $f(x)$ 的一个确定的导数值. 这样就构成了一个新的函数，这个函数叫作原来函数 $y=f(x)$ 的导函数，记作 $f'(x)$ 或 y' 或 $\dfrac{dy}{dx}$ 或 $\dfrac{df(x)}{dx}$.

将式（2-5）或式（2-6）中的 x_0 换成 x，可得导函数的定义式：

$$f'(x) = \lim_{\Delta x \to 0} \frac{f(x+\Delta x) - f(x)}{\Delta x} \text{ 或 } f'(x) = \lim_{h \to 0} \frac{f(x+h) - f(x)}{h}.$$

注意 函数 $f(x)$ 在点 x_0 处的导数 $f'(x_0)$ 就是导函数 $f'(x)$ 在点 $x=x_0$ 处的函数值，即

$$f'(x_0) = f'(x)\big|_{x=x_0}.$$

2. 求导数举例

例 2-1 求函数 $f(x) = C$（C 为常数）的导数.

解 $f'(x) = \lim\limits_{h \to 0} \dfrac{f(x+h) - f(x)}{h} = \lim\limits_{h \to 0} \dfrac{C - C}{h} = 0$. 即 $(C)' = 0$. 这就是说，常数的导数为零.

例 2-2 求 $f(x) = \dfrac{1}{x}$ 的导数.

解 $f'(x) = \lim\limits_{h \to 0} \dfrac{f(x+h) - f(x)}{h} = \lim\limits_{h \to 0} \dfrac{\dfrac{1}{x+h} - \dfrac{1}{x}}{h} = \lim\limits_{h \to 0} \dfrac{-h}{h(x+h)x} = -\lim\limits_{h \to 0} \dfrac{1}{(x+h)x} = -\dfrac{1}{x^2}.$

例 2-3 求函数 $f(x) = x^n$（n 为正整数）在 $x = a$ 处的导数.

解 $f'(a) = \lim\limits_{x \to a} \dfrac{f(x) - f(a)}{x - a} = \lim\limits_{x \to a} \dfrac{x^n - a^n}{x - a} = \lim\limits_{x \to a}(x^{n-1} + ax^{n-2} + \cdots + a^{n-1}) = na^{n-1}.$

把以上结果中的 a 换成 x 得 $f'(x) = nx^{n-1}$，即 $(x^n)' = nx^{n-1}$. 更一般地，有 $(x^\mu)' = \mu x^{\mu-1}$，$\mu \in \mathbf{R}$.

例 2-4 求函数 $f(x) = \sin x$ 的导数.

解 $f'(x) = \lim\limits_{h \to 0} \dfrac{f(x+h) - f(x)}{h} = \lim\limits_{h \to 0} \dfrac{\sin(x+h) - \sin x}{h}$

$$= \lim_{h \to 0} \frac{1}{h} \cdot 2\cos\left(x + \frac{h}{2}\right)\sin\frac{h}{2} = \lim_{h \to 0} \cos\left(x + \frac{h}{2}\right) \cdot \frac{\sin\dfrac{h}{2}}{\dfrac{h}{2}} = \cos x.$$

即 $(\sin x)' = \cos x$.

用类似的方法，可求得 $(\cos x)' = -\sin x$.

例 2-5 求函数 $f(x) = a^x$（$a > 0$，$a \neq 1$）的导数.

解 $f'(x) = \lim\limits_{h\to 0}\dfrac{f(x+h)-f(x)}{h} = \lim\limits_{h\to 0}\dfrac{a^{x+h}-a^x}{h} = a^x\lim\limits_{h\to 0}\dfrac{a^h-1}{h}$，令 $a^h-1=t$，则

$$f'(x) = a^x\lim_{t\to 0}\dfrac{t}{\log_a(1+t)} = a^x\dfrac{1}{\log_a \mathrm{e}} = a^x\ln a.$$

即 $(a^x)' = a^x\ln a$.

特别地，有 $(\mathrm{e}^x)' = \mathrm{e}^x$.

例 2-6 求函数 $f(x) = \log_a x\,(a>0,\,a\neq 1)$ 的导数.

解 $f'(x) = \lim\limits_{h\to 0}\dfrac{f(x+h)-f(x)}{h} = \lim\limits_{h\to 0}\dfrac{\log_a(x+h)-\log_a x}{h}$

$= \lim\limits_{h\to 0}\dfrac{1}{h}\log_a\left(\dfrac{x+h}{x}\right) = \dfrac{1}{x}\lim\limits_{h\to 0}\dfrac{x}{h}\log_a\left(1+\dfrac{h}{x}\right) = \dfrac{1}{x}\lim\limits_{h\to 0}\log_a\left(1+\dfrac{h}{x}\right)^{\frac{x}{h}} = \dfrac{1}{x}\log_a \mathrm{e} = \dfrac{1}{x\ln a}$.

即 $(\log_a x)' = \dfrac{1}{x\ln a}$.

特别地，有 $(\ln x)' = \dfrac{1}{x}$.

3. 单侧导数

根据函数 $f(x)$ 在点 x_0 处的导数 $f'(x_0)$ 的定义，导数 $f'(x_0) = \lim\limits_{h\to 0}\dfrac{f(x_0+h)-f(x_0)}{h}$ 是一个极限，而极限存在的充分必要条件是左、右极限都存在且相等. 因此，$f'(x_0)$ 存在即 $f(x)$ 在点 x_0 可导的充分必要条件是 $\lim\limits_{h\to 0^-}\dfrac{f(x_0+h)-f(x_0)}{h}$ 和 $\lim\limits_{h\to 0^+}\dfrac{f(x_0+h)-f(x_0)}{h}$ 都存在且相等. 这两个极限分别称为 $f(x)$ 在点 x_0 的左导数和右导数，分别记作 $f'_-(x_0)$ 和 $f'_+(x_0)$，即

$$f'_-(x_0) = \lim_{h\to 0^-}\dfrac{f(x_0+h)-f(x_0)}{h},\quad f'_+(x_0) = \lim_{h\to 0^+}\dfrac{f(x_0+h)-f(x_0)}{h}.$$

函数 $f(x)$ 在点 x_0 处可导的充分必要条件是左导数 $f'_-(x_0)$ 和右导数 $f'_+(x_0)$ 都存在且相等.

定义 2-3 如果函数 $f(x)$ 在开区间 (a,b) 内可导，且右导数 $f'_+(a)$ 和左导数 $f'_-(b)$ 都存在，就说 $f(x)$ 在闭区间 $[a,b]$ 上可导.

例 2-7 求函数 $f(x)=|x|$ 在 $x=0$ 处的导数.

解 $f'_-(0) = \lim\limits_{h\to 0^-}\dfrac{f(0+h)-f(0)}{h} = \lim\limits_{h\to 0^-}\dfrac{|h|}{h} = -1,\ f'_+(0) = \lim\limits_{h\to 0^+}\dfrac{f(0+h)-f(0)}{h} = \lim\limits_{h\to 0^+}\dfrac{|h|}{h} = 1$.

因为 $f'_-(0) \neq f'_+(0)$，所以函数 $f(x)=|x|$ 在 $x=0$ 处不可导.

2.1.3 导数的几何意义

由前面切线问题的讨论及导数的定义，函数 $y=f(x)$ 在点 x_0 处的导数 $f'(x_0)$ 在几何上表示曲线 $y=f(x)$ 在点 $M(x_0,f(x_0))$ 处的切线的斜率，即

$$f'(x_0) = \tan\alpha,$$

其中 α 是切线的倾角（参见图 2-1）.

如果 $y=f(x)$ 在点 x_0 处的导数为无穷大，这时曲线 $y=f(x)$ 的割线以垂直于 x 轴的直线 $x=x_0$

为极限位置，即曲线 $y=f(x)$ 在点 $M(x_0, f(x_0))$ 处具有垂直于 x 轴的切线 $x=x_0$.

由直线的点斜式方程，可知曲线 $y=f(x)$ 在曲线上的点 $M(x_0, y_0)$ 处的切线方程为
$$y - y_0 = f'(x_0)(x - x_0).$$

过切点 $M(x_0, y_0)$ 且与切线垂直的直线叫作曲线 $y=f(x)$ 在点 M 处的**法线**. 如果 $f'(x_0) \neq 0$，法线的斜率为 $-\dfrac{1}{f'(x_0)}$，从而法线方程为 $y - y_0 = -\dfrac{1}{f'(x_0)}(x - x_0)$.

例 2 – 8 求等边双曲线 $y = \dfrac{1}{x}$ 在点 $\left(\dfrac{1}{2}, 2\right)$ 处的切线的斜率，并写出在该点处的切线方程和法线方程.

解 $y' = -\dfrac{1}{x^2}$，所求切线及法线的斜率分别为 $k_1 = \left(-\dfrac{1}{x^2}\right)\bigg|_{x=\frac{1}{2}} = -4$，$k_2 = -\dfrac{1}{k_1} = \dfrac{1}{4}$.

所求切线方程为 $y - 2 = -4\left(x - \dfrac{1}{2}\right)$，即 $4x + y - 4 = 0$.

所求法线方程为 $y - 2 = \dfrac{1}{4}\left(x - \dfrac{1}{2}\right)$，即 $2x - 8y + 15 = 0$.

例 2 – 9 求曲线 $y = x\sqrt{x}$ 的通过点 $(0, -4)$ 的切线方程.

解 设切点的横坐标为 x_0，则切线的斜率为 $f'(x_0) = (x^{\frac{3}{2}})'\bigg|_{x=x_0} = \dfrac{3}{2} x^{\frac{1}{2}}\bigg|_{x=x_0} = \dfrac{3}{2}\sqrt{x_0}$.

于是，所求切线的方程可设为 $y - x_0\sqrt{x_0} = \dfrac{3}{2}\sqrt{x_0}(x - x_0)$.

根据题目要求，点 $(0, -4)$ 在切线上，因此，$-4 - x_0\sqrt{x_0} = \dfrac{3}{2}\sqrt{x_0}(0 - x_0)$，解之得 $x_0 = 4$.

于是所求切线的方程为 $y - 4\sqrt{4} = \dfrac{3}{2}\sqrt{4}(x - 4)$，即 $3x - y - 4 = 0$.

2.1.4 函数的可导性与连续性的关系

设函数 $y=f(x)$ 在点 x_0 处可导，即 $\lim\limits_{\Delta x \to 0} \dfrac{\Delta y}{\Delta x} = f'(x_0)$ 存在. 根据具有极限的函数与无穷小的关系可知 $\dfrac{\Delta y}{\Delta x} = f'(x_0) + \alpha$，其中 $\lim\limits_{\Delta x \to 0} \alpha = 0$，由此可知
$$\lim_{\Delta x \to 0} \Delta y = \lim_{\Delta x \to 0} \left[f'(x_0) \cdot \Delta x + \alpha \cdot \Delta x\right] = 0.$$

这就是说，函数 $y=f(x)$ 在点 x_0 处是连续的. 所以，如果函数 $y=f(x)$ 在点 x 处可导，则函数在该点必连续.

反之不一定成立，即一个函数在某点连续却不一定在该点处可导. 例如，函数 $f(x) = |x|$ 在 $x = 0$ 处连续但不可导.

2.2 函数的求导法则

2.2.1 函数的和、差、积、商的求导法则

定理 2-1 如果函数 $u=u(x)$ 及 $v=v(x)$ 在点 x 具有导数，那么它们的和、差、积、商（除分母为零的点外）都在点 x 具有导数，并且

(1) $[u(x) \pm v(x)]' = u'(x) \pm v'(x)$;

(2) $[u(x)v(x)]' = u'(x)v(x) + u(x)v'(x)$;

(3) $\left[\dfrac{u(x)}{v(x)}\right]' = \dfrac{u'(x)v(x) - u(x)v'(x)}{v^2(x)} \ (v(x) \neq 0)$.

证 (1) $[u(x) \pm v(x)]' = \lim\limits_{h \to 0} \dfrac{[u(x+h) \pm v(x+h)] - [u(x) \pm v(x)]}{h}$

$= \lim\limits_{h \to 0} \left[\dfrac{u(x+h) - u(x)}{h} \pm \dfrac{v(x+h) - v(x)}{h}\right] = u'(x) \pm v'(x).$

(2) $[u(x)v(x)]' = \lim\limits_{h \to 0} \dfrac{u(x+h)v(x+h) - u(x)v(x)}{h}$

$= \lim\limits_{h \to 0} \dfrac{1}{h}[u(x+h)v(x+h) - u(x)v(x+h) + u(x)v(x+h) - u(x)v(x)]$

$= \lim\limits_{h \to 0} \left[\dfrac{u(x+h) - u(x)}{h} v(x+h) + u(x) \dfrac{v(x+h) - v(x)}{h}\right]$

$= \lim\limits_{h \to 0} \dfrac{u(x+h) - u(x)}{h} \cdot \lim\limits_{h \to 0} v(x+h) + u(x) \cdot \lim\limits_{h \to 0} \dfrac{v(x+h) - v(x)}{h}$

$= u'(x)v(x) + u(x)v'(x).$

(3) $\left[\dfrac{u(x)}{v(x)}\right]' = \lim\limits_{h \to 0} \dfrac{\dfrac{u(x+h)}{v(x+h)} - \dfrac{u(x)}{v(x)}}{h} = \lim\limits_{h \to 0} \dfrac{u(x+h)v(x) - u(x)v(x+h)}{v(x+h)v(x)h}$

$= \lim\limits_{h \to 0} \dfrac{[u(x+h) - u(x)]v(x) - u(x)[v(x+h) - v(x)]}{v(x+h)v(x)h}$

$= \lim\limits_{h \to 0} \dfrac{\dfrac{u(x+h) - u(x)}{h} v(x) - u(x) \dfrac{v(x+h) - v(x)}{h}}{v(x+h)v(x)}$

$= \dfrac{u'(x)v(x) - u(x)v'(x)}{v^2(x)}.$

上述法则可简单表示为：$(u \pm v)' = u' \pm v'$，$(uv)' = u'v + uv'$，$\left(\dfrac{u}{v}\right)' = \dfrac{u'v - uv'}{v^2}$.

在法则（2）中，如果 $v=C$（C 为常数），则有：$(Cu)' = Cu'$.

定理 2-1 中的法则（1）、（2）可推广到任意有限个可导函数的情形. 例如，设 $u = u(x)$、

$v = v(x)$、$w = w(x)$均可导，则有 $(u + v - w)' = u' + v' - w'$；$(uvw)' = u'vw + uv'w + uvw'$.

例 2-10　$y = 2x^3 - 5x^2 + 3x - 7$，求 y'.

解　$y' = (2x^3 - 5x^2 + 3x - 7)' = (2x^3)' - (5x^2)' + (3x)' - (7)' = 2(x^3)' - 5(x^2)' + 3x'$
$= 2 \times 3x^2 - 5 \times 2x + 3 = 6x^2 - 10x + 3$.

例 2-11　$f(x) = x^3 + 4\cos x - \sin\dfrac{\pi}{2}$，求 $f'(x)$ 及 $f'\left(\dfrac{\pi}{2}\right)$.

解　$f'(x) = (x^3)' + (4\cos x)' - \left(\sin\dfrac{\pi}{2}\right)' = 3x^2 - 4\sin x$，$f'\left(\dfrac{\pi}{2}\right) = \dfrac{3}{4}\pi^2 - 4$.

例 2-12　$y = e^x(\sin x + \cos x)$，求 y'.

解　$y' = (e^x)'(\sin x + \cos x) + e^x(\sin x + \cos x)' = e^x(\sin x + \cos x) + e^x(\cos x - \sin x) = 2e^x \cos x$.

例 2-13　$y = \tan x$，求 y'.

解　$y' = (\tan x)' = \left(\dfrac{\sin x}{\cos x}\right)' = \dfrac{(\sin x)'\cos x - \sin x(\cos x)'}{\cos^2 x} = \dfrac{\cos^2 x + \sin^2 x}{\cos^2 x} = \dfrac{1}{\cos^2 x} = \sec^2 x$.

即 $(\tan x)' = \sec^2 x$.

例 2-14　$y = \sec x$，求 y'.

解　$y' = (\sec x)' = \left(\dfrac{1}{\cos x}\right)' = \dfrac{(1)'\cos x - 1 \times (\cos x)'}{\cos^2 x} = \dfrac{\sin x}{\cos^2 x} = \sec x \tan x$.

即 $(\sec x)' = \sec x \tan x$.

用类似方法，还可求得余切函数和余割函数的导数公式：

$$(\cot x)' = -\csc^2 x,\ (\csc x)' = -\csc x \cot x.$$

2.2.2 反函数的求导法则

定理 2-2　如果函数 $x = f(y)$ 在某区间 I_y 内单调、可导且 $f'(y) \neq 0$，那么它的反函数 $y = f^{-1}(x)$ 在对应区间 $I_x = \{x \mid x = f(y), y \in I_y\}$ 内也可导，并且

$$[f^{-1}(x)]' = \dfrac{1}{f'(y)} \text{ 或 } \dfrac{dy}{dx} = \dfrac{1}{\dfrac{dx}{dy}}.$$

证　由于 $x = f(y)$ 在 I_y 内单调、可导（从而连续），所以 $x = f(y)$ 的反函数 $y = f^{-1}(x)$ 存在，且 $f^{-1}(x)$ 在 I_x 内也单调、连续.

任取 $x \in I_x$，给 x 以增量 Δx ($\Delta x \neq 0, x + \Delta x \in I_x$)，由 $y = f^{-1}(x)$ 的单调性可知

$$\Delta y = f^{-1}(x + \Delta x) - f^{-1}(x) \neq 0,$$

于是有 $\dfrac{\Delta y}{\Delta x} = \dfrac{1}{\dfrac{\Delta x}{\Delta y}}$. 因为 $y = f^{-1}(x)$ 连续，故 $\lim\limits_{\Delta x \to 0} \Delta y = 0$，从而

$$[f^{-1}(x)]' = \lim_{\Delta x \to 0} \dfrac{\Delta y}{\Delta x} = \lim_{\Delta y \to 0} \dfrac{1}{\dfrac{\Delta x}{\Delta y}} = \dfrac{1}{f'(y)}.$$

上述结论可简单地说成：反函数的导数等于直接函数导数的倒数.

例 2-15 求反三角函数 $y = \arcsin x$ 的导数.

解 设 $x = \sin y$,$y \in \left[-\dfrac{\pi}{2}, \dfrac{\pi}{2}\right]$ 为直接函数,则 $y = \arcsin x$ 是它的反函数. 函数 $x = \sin y$ 在开区间 $\left(-\dfrac{\pi}{2}, \dfrac{\pi}{2}\right)$ 内单调、可导,且 $(\sin y)' = \cos y$.

由反函数的求导法则,在对应区间 $I_x = (-1, 1)$ 内有

$$(\arcsin x)' = \frac{1}{(\sin y)'} = \frac{1}{\cos y} = \frac{1}{\sqrt{1 - \sin^2 y}} = \frac{1}{\sqrt{1 - x^2}}.$$

类似地有: $(\arccos x)' = -\dfrac{1}{\sqrt{1 - x^2}}$.

例 2-16 求反三角函数 $y = \arctan x$ 的导数.

解 设 $x = \tan y$,$y \in \left(-\dfrac{\pi}{2}, \dfrac{\pi}{2}\right)$ 为直接函数,则 $y = \arctan x$ 是它的反函数. 函数 $x = \tan y$ 在区间 $\left(-\dfrac{\pi}{2}, \dfrac{\pi}{2}\right)$ 内单调、可导,且 $(\tan y)' = \sec^2 y \neq 0$. 由反函数的求导法则,在对应区间 $I_x = (-\infty, +\infty)$ 内有 $(\arctan x)' = \dfrac{1}{(\tan y)'} = \dfrac{1}{\sec^2 y} = \dfrac{1}{1 + \tan^2 y} = \dfrac{1}{1 + x^2}$.

类似地有: $(\text{arccot } x)' = -\dfrac{1}{1 + x^2}$.

例 2-17 求对数函数 $y = \log_a x$ 的导数.

解 设 $x = a^y (a > 0, a \neq 1)$ 为直接函数,则 $y = \log_a x$ 是它的反函数. 函数 $x = a^y$ 在区间 $I_y = (-\infty, +\infty)$ 内单调、可导,且 $(a^y)' = a^y \ln a \neq 0$. 由反函数的求导法则,在对应区间 $I_x = (0, +\infty)$ 内有 $(\log_a x)' = \dfrac{1}{(a^y)'} = \dfrac{1}{a^y \ln a} = \dfrac{1}{x \ln a}$.

到目前为止,所有基本初等函数的导数都求出来了,那么由基本初等函数构成的较复杂的初等函数的导数如何求呢?如函数 $\ln \tan x$、e^{x^3} 的导数怎样求?

2.2.3 复合函数的求导法则

定理 2-3 如果 $u = g(x)$ 在点 x 可导,函数 $y = f(u)$ 在点 $u = g(x)$ 可导,则复合函数 $y = f(g(x))$ 在点 x 可导,且其导数为: $\dfrac{dy}{dx} = f'(u) \cdot g'(x)$ 或 $\dfrac{dy}{dx} = \dfrac{dy}{du} \cdot \dfrac{du}{dx}$.

例 2-18 $y = e^{x^3}$,求 $\dfrac{dy}{dx}$.

解 函数 $y = e^{x^3}$ 可看作是由 $y = e^u, u = x^3$ 复合而成的,因此,

$$\frac{dy}{dx} = \frac{dy}{du} \cdot \frac{du}{dx} = e^u \cdot 3x^2 = 3x^2 e^{x^3}.$$

例 2-19 $y = \sin \dfrac{2x}{1 + x^2}$,求 $\dfrac{dy}{dx}$.

解 函数 $y = \sin\dfrac{2x}{1+x^2}$ 可看作是由 $y = \sin u$, $u = \dfrac{2x}{1+x^2}$ 复合而成的，因此，

$$\frac{dy}{dx} = \frac{dy}{du} \cdot \frac{du}{dx} = \cos u \cdot \frac{2(1+x^2) - (2x)^2}{(1+x^2)^2} = \frac{2(1-x^2)}{(1+x^2)^2} \cdot \cos\frac{2x}{1+x^2}.$$

对复合函数的求导比较熟练后，就不必再写出中间变量了．

例 2-20 $y = \ln\sin x$，求 $\dfrac{dy}{dx}$．

解 $\dfrac{dy}{dx} = (\ln\sin x)' = \dfrac{1}{\sin x} \cdot (\sin x)' = \dfrac{1}{\sin x} \cdot \cos x = \cot x$．

复合函数的求导法则可以推广到多个中间变量的情形．例如，设 $y = f(u)$，$u = \varphi(v)$，$v = \psi(x)$，则 $\dfrac{dy}{dx} = \dfrac{dy}{du} \cdot \dfrac{du}{dx} = \dfrac{dy}{du} \cdot \dfrac{du}{dv} \cdot \dfrac{dv}{dx}$．

例 2-21 $y = e^{\sin\frac{1}{x}}$，求 $\dfrac{dy}{dx}$．

解 $\dfrac{dy}{dx} = \left(e^{\sin\frac{1}{x}}\right)' = e^{\sin\frac{1}{x}} \cdot \left(\sin\frac{1}{x}\right)' = e^{\sin\frac{1}{x}} \cdot \cos\frac{1}{x} \cdot \left(\frac{1}{x}\right)' = -\frac{1}{x^2} \cdot e^{\sin\frac{1}{x}} \cdot \cos\frac{1}{x}$．

例 2-22 设 $x > 0$，证明幂函数的导数公式：$(x^\mu)' = \mu x^{\mu-1}$．

解 因为 $x^\mu = e^{\mu\ln x}$，所以 $(x^\mu)' = (e^{\mu\ln x})' = e^{\mu\ln x} \cdot (\mu\ln x)' = e^{\mu\ln x} \cdot \mu x^{-1} = \mu x^{\mu-1}$．

2.2.4 基本求导法则与导数公式

1. 基本初等函数的导数

（1）$(C)' = 0$，

（2）$(x^\mu)' = \mu x^{\mu-1}$，

（3）$(\sin x)' = \cos x$，

（4）$(\cos x)' = -\sin x$，

（5）$(\tan x)' = \sec^2 x$，

（6）$(\cot x)' = -\csc^2 x$，

（7）$(\sec x)' = \sec x \tan x$，

（8）$(\csc x)' = -\csc x \cot x$，

（9）$(a^x)' = a^x \ln a$，

（10）$(e^x)' = e^x$，

（11）$(\log_a x)' = \dfrac{1}{x\ln a}$，

（12）$(\ln x)' = \dfrac{1}{x}$，

（13）$(\arcsin x)' = \dfrac{1}{\sqrt{1-x^2}}$，

（14）$(\arccos x)' = -\dfrac{1}{\sqrt{1-x^2}}$，

（15）$(\arctan x)' = \dfrac{1}{1+x^2}$，

（16）$(\operatorname{arccot} x)' = -\dfrac{1}{1+x^2}$．

2. 函数的和、差、积、商的求导法则

设 $u = u(x)$，$v = v(x)$ 都可导，则

（1）$(u \pm v)' = u' \pm v'$，

（2）$(Cu)' = Cu'$，

（3）$(uv)' = u'v + uv'$，

（4）$\left(\dfrac{u}{v}\right)' = \dfrac{u'v - uv'}{v^2}$．

3. 反函数的求导法则

设 $x=f(y)$ 在区间 I_y 内单调、可导且 $f'(y)\neq 0$，则它的反函数 $y=f^{-1}(x)$ 在 $I_x=\{x\,|\,x=f(y), y\in I_y\}$ 内也可导，并且 $[f^{-1}(x)]'=\dfrac{1}{f'(y)}$ 或 $\dfrac{dy}{dx}=\dfrac{1}{\dfrac{dx}{dy}}$.

4. 复合函数的求导法则

设 $y=f(u)$，而 $u=g(x)$ 且 $f(u)$ 及 $g(x)$ 都可导，则复合函数 $y=f(g(x))$ 可导且其导数为

$$\frac{dy}{dx}=\frac{dy}{du}\cdot\frac{du}{dx} \text{ 或 } y'(x)=f'(u)\cdot g'(x).$$

例 2-23 求双曲正弦 $\operatorname{sh} x$ 的导数.

解 因为 $\operatorname{sh} x=\dfrac{1}{2}(e^x-e^{-x})$，所以 $(\operatorname{sh} x)'=\dfrac{1}{2}(e^x-e^{-x})'=\dfrac{1}{2}(e^x+e^{-x})=\operatorname{ch} x$，即 $(\operatorname{sh} x)'=\operatorname{ch} x$.

类似地，有 $(\operatorname{ch} x)'=\operatorname{sh} x$，$(\operatorname{th} x)'=\dfrac{1}{\operatorname{ch}^2 x}$.

例 2-24 求反双曲正弦 $\operatorname{arsh} x$ 的导数.

解 因为 $\operatorname{arsh} x=\ln(x+\sqrt{1+x^2})$，所以 $(\operatorname{arsh} x)'=\dfrac{1}{x+\sqrt{1+x^2}}\cdot\left(1+\dfrac{x}{\sqrt{1+x^2}}\right)=\dfrac{1}{\sqrt{1+x^2}}$.

类似地，由 $\operatorname{arch} x=\ln(x+\sqrt{x^2-1})$，可得 $(\operatorname{arch} x)'=\dfrac{1}{\sqrt{x^2-1}}$.

由 $\operatorname{arth} x=\dfrac{1}{2}\ln\dfrac{1+x}{1-x}$，可得 $(\operatorname{arth} x)'=\dfrac{1}{1-x^2}$.

2.3 高阶导数

定义 2-4 如果函数 $y=f(x)$ 的导数 $y'=f'(x)$ 仍然是 x 的函数，把 $y'=f'(x)$ 的导数叫作函数 $y=f(x)$ 的**二阶导数**，记作 y''、$f''(x)$ 或 $\dfrac{d^2y}{dx^2}$，即 $y''=(y')',f''(x)=[f'(x)]'=\dfrac{d^2y}{dx^2}=\dfrac{d}{dx}\left(\dfrac{dy}{dx}\right)$.

相应地，把 $y=f(x)$ 的导数 $f'(x)$ 叫作函数 $y=f(x)$ 的一阶导数.

类似地，二阶导数的导数叫作三阶导数，三阶导数的导数叫作四阶导数. 一般地，$f(x)$ 的 $(n-1)$ 阶导数的导数叫作 $f(x)$ 的 **n 阶导数**. 分别记作：

$$y''',y^{(4)},\cdots,y^{(n)}\text{ 或 }\frac{d^3y}{dx^3},\frac{d^4y}{dx^4},\cdots,\frac{d^ny}{dx^n}.$$

函数 $f(x)$ 具有 n 阶导数，也常说成函数 $f(x)$ 为 n 阶可导. 如果函数 $f(x)$ 在点 x 处具有 n 阶导数，那么函数 $f(x)$ 在点 x 的某一邻域内必定具有一切低于 n 阶的导数. 二阶及二阶以上的导数统称**高阶导数**.

例 2-25 $s=\sin t$，求 s'''.

解 $s'=\cos t, s''=-\sin t, s'''=-\cos t$.

例 2-26 求函数 $y=e^x$ 的 n 阶导数.

解 $y' = e^x$, $y'' = e^x$, $y''' = e^x$, $y^{(4)} = e^x$. 一般地，可得 $y^{(n)} = e^x$, 即 $(e^x)^{(n)} = e^x$, $n = 1, 2, \cdots$.

例 2-27 求正弦函数与余弦函数的 n 阶导数.

解 $y = \sin x$, $y' = \cos x = \sin\left(x + \dfrac{\pi}{2}\right)$,

$$y'' = \cos\left(x + \dfrac{\pi}{2}\right) = \sin\left(x + \dfrac{\pi}{2} + \dfrac{\pi}{2}\right) = \sin\left(x + 2 \cdot \dfrac{\pi}{2}\right),$$

$$y''' = \cos\left(x + 2 \cdot \dfrac{\pi}{2}\right) = \sin\left(x + 2 \cdot \dfrac{\pi}{2} + \dfrac{\pi}{2}\right) = \sin\left(x + 3 \cdot \dfrac{\pi}{2}\right),$$

$$y^{(4)} = \cos\left(x + 3 \cdot \dfrac{\pi}{2}\right) = \sin\left(x + 4 \cdot \dfrac{\pi}{2}\right).$$

一般地，可得 $y^{(n)} = \sin\left(x + n \cdot \dfrac{\pi}{2}\right)$, 即 $(\sin x)^{(n)} = \sin\left(x + n \cdot \dfrac{\pi}{2}\right)$.

用类似方法，可得 $(\cos x)^{(n)} = \cos\left(x + n \cdot \dfrac{\pi}{2}\right)$.

例 2-28 求函数 $y = \ln(1 + x)$ 的 n 阶导数.

解 $y' = (1+x)^{-1}$, $y'' = -(1+x)^{-2}$, $y''' = (-1)(-2)(1+x)^{-3}$, $y^{(4)} = (-1)(-2)(-3)(1+x)^{-4}$.

一般地，可得 $y^{(n)} = (-1)(-2)\cdots(-n+1)(1+x)^{-n} = (-1)^{n-1}\dfrac{(n-1)!}{(1+x)^n}$，即

$$\bigl(\ln(1+x)\bigr)^{(n)} = (-1)^{n-1}\dfrac{(n-1)!}{(1+x)^n}.$$

通常规定 $0! = 1$，所以上述公式对于 $n = 1$ 也是成立的.

例 2-29 求幂函数 $y = x^\mu$（μ 是任意常数）的 n 阶导数公式.

解 $y' = \mu x^{\mu-1}$, $y'' = \mu(\mu-1)x^{\mu-2}$, $y''' = \mu(\mu-1)(\mu-2)x^{\mu-3}$, $y^{(4)} = \mu(\mu-1)(\mu-2)(\mu-3)\times x^{\mu-4}$.

一般地，可得 $y^{(n)} = \mu(\mu-1)(\mu-2)\cdots(\mu-n+1)x^{\mu-n}$, 即

$$(x^\mu)^{(n)} = \mu(\mu-1)(\mu-2)\cdots(\mu-n+1)x^{\mu-n}.$$

当 $n = \mu$ 时，得到 $(x^\mu)^{(\mu)} = \mu(\mu-1)(\mu-2)\cdots 3\times 2\times 1 = \mu!$，而 $(x^\mu)^{(\mu+1)} = 0$.

如果函数 $u = u(x)$ 及 $v = v(x)$ 都在点 x 处具有 n 阶导数，那么显然函数 $u(x) \pm v(x)$ 也在点 x 处具有 n 阶导数，且 $(u \pm v)^{(n)} = u^{(n)} \pm v^{(n)}$. 但函数乘积的高阶导数的计算并不简单. 由 $(uv)' = u'v + uv'$, 得 $(uv)'' = u''v + 2u'v' + uv''$, $(uv)''' = u'''v + 3u''v' + 3u'v'' + uv'''$.

用数学归纳法可以证明

$$(uv)^{(n)} = u^{(n)}v + nu^{(n-1)}v' + \dfrac{n(n-1)}{2!}u^{(n-2)}v'' + \cdots + \dfrac{n(n-1)\cdots(n-k+1)}{k!}u^{(n-k)}v^{(k)} + \cdots + uv^{(n)}.$$

这一公式称为莱布尼茨公式. 借助于二项式定理

$$(a+b)^n = a^n b^0 + na^{n-1}b^1 + \dfrac{n(n-1)}{2!}a^{n-2}b^2 + \cdots + \dfrac{n(n-1)\cdots(n-k+1)}{k!}a^{n-k}b^k + \cdots + a^0 b^n$$

$$= \sum_{k=0}^{n} C_n^k a^{n-k} b^k.$$

莱布尼茨公式可以方便地记忆为：$(uv)^{(n)} = \sum_{k=0}^{n} C_n^k u^{(n-k)} v^{(k)}$，其中函数的零阶导数理解为函数本身．

例 2-30　$y = x^2 e^{2x}$，求 $y^{(20)}$．

解　设 $u = e^{2x}$，$v = x^2$，则 $u^{(k)} = 2^k e^{2x} (k = 1, 2, \cdots, 20)$，$v' = 2x$，$v'' = 2$，$v^{(k)} = 0 (k = 3, 4, \cdots, 20)$，代入莱布尼茨公式，得

$$y^{(20)} = (uv)^{(20)} = u^{(20)} \cdot v + C_{20}^1 u^{(19)} \cdot v' + C_{20}^2 u^{(18)} \cdot v''$$

$$= 2^{20} e^{2x} \cdot x^2 + 20 \times 2^{19} e^{2x} \times 2x + \frac{20 \times 19}{2!} 2^{18} e^{2x} \times 2$$

$$= 2^{20} e^{2x} (x^2 + 20x + 95).$$

2.4　隐函数及由参数方程所确定的函数的导数与相关变化率

2.4.1　隐函数的导数

显函数：形如 $y = f(x)$ 的函数称为显函数．例如，$y = \sin x$，$y = \ln x + e^x$．

隐函数：由方程 $F(x, y) = 0$ 所确定的函数称为隐函数．例如，由方程 $x + y^3 - 1 = 0$ 确定的隐函数为 $y = \sqrt[3]{1-x}$．如果在方程 $F(x, y) = 0$ 中，在一定条件下，当 x 取某区间内的任一值时，相应地总有满足该方程的唯一的 y 值存在，那么就说方程 $F(x, y) = 0$ 在该区间内确定了一个隐函数．

把一个隐函数化成显函数，叫作隐函数的显化．例如，从方程 $x + y^3 - 1 = 0$ 中解出 $y = \sqrt[3]{1-x}$，就把隐函数化成了显函数．隐函数的显化有时是有困难的，甚至是不可能的．但在实际问题中，有时需要计算隐函数的导数，因此，希望有一种方法，不管隐函数能否显化，都能直接由方程算出它所确定的隐函数的导数来．下面通过具体例子来说明这种方法．

例 2-31　求由方程 $e^y + xy - e = 0$ 所确定的隐函数的导数 $\dfrac{dy}{dx}$，$\dfrac{dy}{dx}\bigg|_{x=0}$，$\dfrac{d^2 y}{dx^2}\bigg|_{x=0}$．

解　把方程的两边对 x 求导数（注意 $y = y(x)$），得：$\dfrac{d}{dx}(e^y + xy - e) = \dfrac{d(0)}{dx}$，即

$$e^y \frac{dy}{dx} + y + x \frac{dy}{dx} = 0, \tag{2-9}$$

整理得：$(e^y + x) \dfrac{dy}{dx} = -y$，从而 $\dfrac{dy}{dx} = -\dfrac{y}{x + e^y} (x + e^y \neq 0)$．

将 $x = 0$ 代入原方程可解得 $y = 1$，则：$\dfrac{dy}{dx}\bigg|_{x=0} = -\dfrac{1}{0 + e^1} = -\dfrac{1}{e}$．

将式（2-9）两边再对 x 求导（注意 $y = y(x)$），得

$$e^y \left(\frac{dy}{dx}\right)^2 + e^y \frac{d^2 y}{dx^2} + \frac{dy}{dx} + \frac{dy}{dx} + x \frac{d^2 y}{dx^2} = 0, \tag{2-10}$$

整理得：$e^y\left(\dfrac{dy}{dx}\right)^2 + (x+e^y)\dfrac{d^2y}{dx^2} + 2\dfrac{dy}{dx} = 0$，将 $x=0, y=1, \dfrac{dy}{dx}\Big|_{x=0} = -\dfrac{1}{e}$ 代入式（2-10）可得：

$e\left(-\dfrac{1}{e}\right)^2 + (0+e^1)\dfrac{d^2y}{dx^2}\Big|_{x=0} + 2\left(-\dfrac{1}{e}\right) = 0$，解得：$\dfrac{d^2y}{dx^2}\Big|_{x=0} = \dfrac{1}{e^2}$.

例 2-32 求椭圆 $\dfrac{x^2}{16} + \dfrac{y^2}{9} = 1$ 在点 $(2, \dfrac{3}{2}\sqrt{3})$ 处的切线方程.

解 把椭圆方程的两边分别对 x 求导，得：$\dfrac{x}{8} + \dfrac{2}{9}y \cdot y' = 0$.

将 $x=2$，$y=\dfrac{3}{2}\sqrt{3}$ 代入上式得：$\dfrac{1}{4} + \dfrac{1}{\sqrt{3}} \cdot y'\Big|_{x=2} = 0$，于是，$k = y'\Big|_{x=2} = -\dfrac{\sqrt{3}}{4}$.

所求的切线方程为：$y - \dfrac{3}{2}\sqrt{3} = -\dfrac{\sqrt{3}}{4}(x-2)$，即 $\sqrt{3}x + 4y - 8\sqrt{3} = 0$.

例 2-33 求由方程 $x - y + \dfrac{1}{2}\sin y = 0$ 所确定的隐函数 y 的二阶导数.

解 方程两边对 x 求导，得：$1 - \dfrac{dy}{dx} + \dfrac{1}{2}\cos y \cdot \dfrac{dy}{dx} = 0$，解得：$\dfrac{dy}{dx} = \dfrac{2}{2-\cos y}$.

上式再对 x 求导，得：$\dfrac{d^2y}{dx^2} = \dfrac{d}{dx}\left(\dfrac{dy}{dx}\right) = \dfrac{0 - 2\sin y \cdot \dfrac{dy}{dx}}{(2-\cos y)^2} = \dfrac{-4\sin y}{(2-\cos y)^3}$.

对数求导法 在有的场合，利用所谓的对数求导法求导数比用通常的方法更加简便. 这种方法是先在 $y = f(x)$ 的两边取对数，然后再求出 y 的导数.

设 $y = f(x)$，两边取对数，得：$\ln y = \ln f(x)$，两边对 x 求导，得 $\dfrac{1}{y}y' = (\ln f(x))'$，整理得：$y' = f(x) \cdot (\ln f(x))'$.

对数求导法适用于求幂指函数 $y = (u(x))^{v(x)}$（$u(x)>0$）的导数及多因子之积和商的导数.

例 2-34 求 $y = x^{\sin x}$（$x>0$）的导数.

解 法一 两边取对数，得 $\ln y = \sin x \cdot \ln x$，两边对 x 求导，得

$$\dfrac{1}{y}y' = \cos x \cdot \ln x + \sin x \cdot \dfrac{1}{x}，于是$$

$$y' = y\left(\cos x \cdot \ln x + \sin x \cdot \dfrac{1}{x}\right) = x^{\sin x}\left(\cos x \cdot \ln x + \dfrac{\sin x}{x}\right).$$

法二 这种幂指函数的导数也可按下面的方法求，$y = x^{\sin x} = e^{\sin x \cdot \ln x}$.

根据复合函数的求导法则，$y' = e^{\sin x \cdot \ln x}(\sin x \cdot \ln x)' = x^{\sin x}\left(\cos x \cdot \ln x + \dfrac{\sin x}{x}\right)$.

例 2-35 求函数 $y = \sqrt{\dfrac{(x-1)(x-2)}{(x-3)(x-4)}}$ 的导数.

解 先在两边取对数（假定 $x>4$），得 $\ln y = \dfrac{1}{2}\big(\ln(x-1) + \ln(x-2) - \ln(x-3) - \ln(x-4)\big)$，

两边对 x 求导，得 $\dfrac{1}{y}y' = \dfrac{1}{2}\left(\dfrac{1}{x-1} + \dfrac{1}{x-2} - \dfrac{1}{x-3} - \dfrac{1}{x-4}\right)$，于是

$$y' = \dfrac{y}{2}\left(\dfrac{1}{x-1} + \dfrac{1}{x-2} - \dfrac{1}{x-3} - \dfrac{1}{x-4}\right).$$

当 $x<1$ 时，$y = \sqrt{\dfrac{(1-x)(2-x)}{(3-x)(4-x)}}$；当 $2<x<3$ 时，$y = \sqrt{\dfrac{(x-1)(x-2)}{(3-x)(4-x)}}$；用同样方法可得与上面相同的结果.

严格来说，本题应分 $x>4$，$x<1$，$2<x<3$ 三种情况讨论，但结果都是一样的.

2.4.2 由参数方程所确定的函数的导数

若 y 与 x 的函数关系是由参数方程

$$\begin{cases} x = \varphi(t) \\ y = \psi(t) \end{cases} \tag{2-11}$$

确定的，则称此函数关系所表达的函数为由参数方程所确定的函数.

在实际问题中，需要计算由参数方程所确定的函数的导数. 但从参数方程中消去参数 t 有时会有困难. 因此，希望有一种方法能直接由参数方程计算出它所确定的函数的导数. 下面就来讨论由参数方程（2-11）所确定的函数的求导方法.

设 $x = \varphi(t)$ 具有单调连续反函数 $t = \varphi^{-1}(x)$，且此反函数能与函数 $y = \psi(t)$ 构成复合函数，则由参数方程（2-11）所确定的函数可以看成是由 $y = \psi(t)$、$t = \varphi^{-1}(x)$ 复合而成的函数 $y = \psi(\varphi^{-1}(x))$. 若 $x = \varphi(t)$ 和 $y = \psi(t)$ 都可导且 $\varphi'(t) \neq 0$，则：

$$\dfrac{\mathrm{d}y}{\mathrm{d}x} = \dfrac{\mathrm{d}y}{\mathrm{d}t} \cdot \dfrac{\mathrm{d}t}{\mathrm{d}x} = \dfrac{\mathrm{d}y}{\mathrm{d}t} \cdot \dfrac{1}{\dfrac{\mathrm{d}x}{\mathrm{d}t}} = \dfrac{\psi'(t)}{\varphi'(t)},$$

即 $\dfrac{\mathrm{d}y}{\mathrm{d}x} = \dfrac{\psi'(t)}{\varphi'(t)}$ 或 $\dfrac{\mathrm{d}y}{\mathrm{d}x} = \dfrac{\dfrac{\mathrm{d}y}{\mathrm{d}t}}{\dfrac{\mathrm{d}x}{\mathrm{d}t}}$.

如果参数方程中 $x = \varphi(t)$ 和 $y = \psi(t)$ 还是二阶可导的，则可得函数的二阶导数公式

$$\dfrac{\mathrm{d}^2 y}{\mathrm{d}x^2} = \dfrac{\mathrm{d}}{\mathrm{d}x}\left(\dfrac{\mathrm{d}y}{\mathrm{d}x}\right) = \dfrac{\mathrm{d}}{\mathrm{d}t}\left(\dfrac{\psi'(t)}{\varphi'(t)}\right) \cdot \dfrac{\mathrm{d}t}{\mathrm{d}x} = \dfrac{\psi''(t)\varphi'(t) - \psi'(t)\varphi''(t)}{\varphi'^2(t)} \cdot \dfrac{1}{\varphi'(t)} = \dfrac{\psi''(t)\varphi'(t) - \psi'(t)\varphi''(t)}{\varphi'^3(t)}.$$

例 2-36 求椭圆 $\begin{cases} x = 4\cos t \\ y = 3\sin t \end{cases}$ 在相应于 $t = \dfrac{\pi}{4}$ 点处的切线方程.

解 $\dfrac{\mathrm{d}y}{\mathrm{d}x} = \dfrac{(3\sin t)'}{(4\cos t)'} = \dfrac{3\cos t}{-4\sin t} = -\dfrac{3}{4}\cot t$. 所求切线的斜率为 $\left.\dfrac{\mathrm{d}y}{\mathrm{d}x}\right|_{t=\frac{\pi}{4}} = -\dfrac{3}{4}$.

切点的坐标为 $x_0 = 4\cos\dfrac{\pi}{4} = 2\sqrt{2}$，$y_0 = 3\sin\dfrac{\pi}{4} = \dfrac{3\sqrt{2}}{2}$．

切线方程为 $y - \dfrac{3\sqrt{2}}{2} = -\dfrac{3}{4}(x - 2\sqrt{2})$，即 $3x + 4y - 12\sqrt{2} = 0$．

例 2-37 抛射体运动轨迹的参数方程为 $\begin{cases} x = v_1 t \\ y = v_2 t - \dfrac{1}{2}gt^2 \end{cases}$，求抛射体在时刻 t 的运动速度的大小和方向．

解 （1）先求速度的大小．

速度的水平分量为 $\dfrac{\mathrm{d}x}{\mathrm{d}t} = v_1$，速度的铅直分量为 $\dfrac{\mathrm{d}y}{\mathrm{d}t} = v_2 - gt$．所以抛射体在时刻 t 的运动速度的大小为：$v = \sqrt{\left(\dfrac{\mathrm{d}x}{\mathrm{d}t}\right)^2 + \left(\dfrac{\mathrm{d}y}{\mathrm{d}t}\right)^2} = \sqrt{v_1^2 + (v_2 - gt)^2}$．

（2）再求速度的方向．

设 α 是运动轨迹上切线的倾角（见图 2-2），则轨迹的切线方向为：
$\tan\alpha = \dfrac{\mathrm{d}y}{\mathrm{d}x} = \dfrac{y'(t)}{x'(t)} = \dfrac{v_2 - gt}{v_1}$．

在抛射体刚射出（$t=0$）时：$\tan\alpha\big|_{t=0} = \dfrac{\mathrm{d}y}{\mathrm{d}x}\bigg|_{t=0} = \dfrac{v_2}{v_1}$．

当铅直分量 $\dfrac{\mathrm{d}y}{\mathrm{d}t} = v_2 - gt = 0$，即 $t = \dfrac{v_2}{g}$ 时，$\tan\alpha\bigg|_{t=\frac{v_2}{g}} = \dfrac{\mathrm{d}y}{\mathrm{d}x}\bigg|_{t=\frac{v_2}{g}} = 0$，方向是水平的，即抛射体达到最高点．

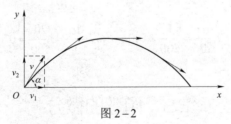

图 2-2

例 2-38 计算由摆线的参数方程 $\begin{cases} x = a(t - \sin t) \\ y = a(1 - \cos t) \end{cases}$（见图 2-3）所确定的函数 $y = f(x)$ 的二阶导数．

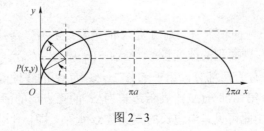

图 2-3

解 $\dfrac{\mathrm{d}y}{\mathrm{d}x} = \dfrac{y'(t)}{x'(t)} = \dfrac{[a(1-\cos t)]'}{[a(t-\sin t)]'} = \dfrac{a\sin t}{a(1-\cos t)} = \dfrac{\sin t}{1-\cos t} = \cot\dfrac{t}{2}$ ($t \neq 2n\pi$, $n \in \mathbf{Z}$).

$\dfrac{\mathrm{d}^2 y}{\mathrm{d}x^2} = \dfrac{\mathrm{d}}{\mathrm{d}x}\left(\dfrac{\mathrm{d}y}{\mathrm{d}x}\right) = \dfrac{\mathrm{d}}{\mathrm{d}t}\left(\cot\dfrac{t}{2}\right) \cdot \dfrac{1}{\dfrac{\mathrm{d}x}{\mathrm{d}t}} = -\dfrac{1}{2\sin^2\dfrac{t}{2}} \cdot \dfrac{1}{a(1-\cos t)} = -\dfrac{1}{a(1-\cos t)^2}$ ($t \neq 2n\pi$, $n \in \mathbf{Z}$).

2.4.3 相关变化率

设 $x = x(t)$ 及 $y = y(t)$ 都是可导函数，而变量 x 与 y 间存在某种关系，从而变化率 $\dfrac{\mathrm{d}x}{\mathrm{d}t}$ 与 $\dfrac{\mathrm{d}y}{\mathrm{d}t}$ 间也存在一定关系。这两个相互依赖的变化率称为**相关变化率**。相关变化率问题就是研究这两个变化率之间的关系，以便从其中一个变化率求出另一个变化率。

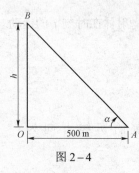

图 2-4

例 2-39 一气球从离开观察员 500 m 处离地面铅直上升，其速度为 140 m/min。当气球高度为 500 m 时，求观察员视线的仰角增加率是多少？

解 如图 2-4 所示，观察员位于 A 点处，气球自 O 点处沿地面铅直上升。设气球上升 t min 后，其高度为 h，观察员视线的仰角为 α，则

$$\tan\alpha = \dfrac{h}{500}.$$

其中 α 及 h 都是时间 t 的函数。上式两边对 t 求导，得

$$\sec^2\alpha \cdot \dfrac{\mathrm{d}\alpha}{\mathrm{d}t} = \dfrac{1}{500} \cdot \dfrac{\mathrm{d}h}{\mathrm{d}t}.$$

由已知条件，存在时间 t_0，使得 $h\big|_{t=t_0} = 500$，$\dfrac{\mathrm{d}h}{\mathrm{d}t}\bigg|_{t=t_0} = 140$ (m/min)，又 $\tan\alpha\big|_{t=t_0} = 1$，$\sec^2\alpha\big|_{t=t_0} = 2$。代入上式得：$2\dfrac{\mathrm{d}\alpha}{\mathrm{d}t} = \dfrac{1}{500} \times 140$，所以 $\dfrac{\mathrm{d}\alpha}{\mathrm{d}t} = \dfrac{70}{500} = 0.14$ (rad/min)，即观察员视线的仰角增加率是 0.14 rad/min。

2.5 函数的微分

2.5.1 微分的定义

引例 2-3 一块正方形金属薄片受温度变化的影响，其边长由 x_0 变为 $x_0 + \Delta x$，问此薄片的面积改变了多少？

设此薄片的边长为 x，面积为 A，则 A 是 x 的函数：$A = x^2$。薄片受到温度变化的影响，其边长由 x_0 变为 $x_0 + \Delta x$，则面积的改变量 ΔA 为 $\Delta A = (x_0 + \Delta x)^2 - (x_0)^2 = 2x_0\Delta x + (\Delta x)^2$。

从上式可以看出 ΔA 分为两部分，第一部分 $2x_0\Delta x$ 为 Δx 的线性函数，表示两个长为 x_0、宽为 Δx 的长方形面积；第二部分 $(\Delta x)^2$ 表示边长为 Δx 的正方形的面积，当 $\Delta x \to 0$ 时，$(\Delta x)^2$ 是 Δx 的高阶无穷小量。由此可见，当边长的改变量 Δx 很小，即 $|\Delta x|$ 很小时，面积的改变量 ΔA

可近似用第一部分 $2x_0\Delta x$ 表示.

定义 2-5 设函数 $y=f(x)$ 在某区间内有定义，x_0 及 $x_0+\Delta x$ 在该区间内，如果函数的增量
$$\Delta y = f(x_0+\Delta x)-f(x_0)$$
可表示为
$$\Delta y = A\Delta x + o(\Delta x). \tag{2-12}$$

其中 A 是不依赖于 Δx 的常数，那么称函数 $y=f(x)$ 在点 x_0 是可微的，而 $A\Delta x$ 叫作函数 $y=f(x)$ 在点 x_0 相应于自变量的增量 Δx 的微分，记作 $\mathrm{d}y$，即 $\mathrm{d}y=A\Delta x$.

下面讨论函数可微的条件.

定理 2-4（函数可微的充要条件） 函数 $f(x)$ 在点 x_0 可微的充分必要条件是函数 $f(x)$ 在点 x_0 可导，且当函数 $f(x)$ 在点 x_0 可微时，其微分一定是 $\mathrm{d}y = f'(x_0)\Delta x$.

证 设函数 $f(x)$ 在点 x_0 可微，则按定义有：$\Delta y = A\Delta x + o(\Delta x)$，两边除以 Δx，得 $\dfrac{\Delta y}{\Delta x} = A + \dfrac{o(\Delta x)}{\Delta x}$. 于是，当 $\Delta x \to 0$ 时，得到：$A = \lim\limits_{\Delta x \to 0} \dfrac{\Delta y}{\Delta x} = f'(x_0)$.

因此，如果函数 $f(x)$ 在点 x_0 可微，则 $f(x)$ 在点 x_0 也一定可导，且 $A = f'(x_0)$，则
$$\mathrm{d}y = f'(x_0)\Delta x.$$

反之，如果 $f(x)$ 在点 x_0 可导，即 $\lim\limits_{\Delta x \to 0} \dfrac{\Delta y}{\Delta x} = f'(x_0)$ 存在，根据极限与无穷小的关系，有 $\dfrac{\Delta y}{\Delta x} = f'(x_0) + \alpha$，其中 $\alpha \to 0(\Delta x \to 0)$. 由此又有 $\Delta y = f'(x_0)\Delta x + \alpha\Delta x$. 因 $f'(x_0)$ 不依赖于 Δx，且 $\alpha\Delta x = o(\Delta x)$，故上式相当于 $\Delta y = A\Delta x + o(\Delta x)$，所以 $f(x)$ 在点 x_0 也是可微的.

当 $f'(x_0) \neq 0$ 时，有 $\lim\limits_{\Delta x \to 0} \dfrac{\Delta y}{\mathrm{d}y} = \lim\limits_{\Delta x \to 0} \dfrac{\Delta y}{f'(x_0)\Delta x} = \dfrac{1}{f'(x_0)}\lim\limits_{\Delta x \to 0} \dfrac{\Delta y}{\Delta x} = 1$. 从而 $\Delta x \to 0$ 时 Δy 与 $\mathrm{d}y$ 是等价无穷小，由第 1 章等价无穷小的充要条件可得 $\Delta y = \mathrm{d}y + o(\mathrm{d}y)$，即 $\mathrm{d}y$ 是 Δy 的主部. 又因为 $\mathrm{d}y = f'(x_0)\Delta x$ 是 Δx 的线性函数，所以在 $f'(x_0) \neq 0$ 的条件下，称 $\mathrm{d}y$ 是 Δy 的线性主部（当 $\Delta x \to 0$ 时）.

在 $f'(x_0) \neq 0$ 的条件下，以微分 $\mathrm{d}y = f'(x_0)\Delta x$ 近似代替增量 $\Delta y = f(x_0+\Delta x)-f(x_0)$ 时，其误差为 $o(\mathrm{d}y)$. 因此，在 $|\Delta x|$ 很小时，有 $\Delta y \approx \mathrm{d}y = f'(x_0)\Delta x$.

定义 2-6 函数在任一点 x 处的微分称为函数的微分，记为 $\mathrm{d}y$ 或 $\mathrm{d}f(x)$，即 $\mathrm{d}y = f'(x)\Delta x$. 例如，函数 $y = \sin x$ 的微分为 $\mathrm{d}y = (\sin x)'\Delta x = \cos x\Delta x$.

例 2-40 求函数 $y = x^2$ 在 $x = 1$ 和 $x = 3$ 处的微分.

解 函数 $y = x^2$ 在 $x = 1$ 处的微分为 $\mathrm{d}y\big|_{x=1} = (x^2)'\big|_{x=1}\Delta x = 2x\big|_{x=1}\Delta x = 2\Delta x$.

函数 $y = x^2$ 在 $x = 3$ 处的微分为 $\mathrm{d}y\big|_{x=3} = (x^2)'\big|_{x=3}\Delta x = 6\Delta x$.

例 2-41 求函数 $y = \mathrm{e}^{2x}$ 当 $x = 3$，$\Delta x = 0.02$ 时的微分.

解 先求函数在任意点 x 的微分：$\mathrm{d}y = (\mathrm{e}^{2x})'\Delta x = 2\mathrm{e}^{2x}\Delta x$.

再求函数当 $x = 3$，$\Delta x = 0.02$ 时的微分：$\mathrm{d}y\big|_{x=3,\,\Delta x=0.02} = 2\mathrm{e}^{2x}\Delta x\big|_{x=3,\,\Delta x=0.02} = 2\times \mathrm{e}^6 \times 0.02 = 0.04\mathrm{e}^6$.

因为当 $y = x$ 时，$\mathrm{d}y = \mathrm{d}x = (x)'\Delta x = \Delta x$，所以通常把自变量 x 的增量 Δx 称为自变量的微分，记作 $\mathrm{d}x$，即 $\mathrm{d}x = \Delta x$. 于是函数 $y = f(x)$ 的微分又可记作 $\mathrm{d}y = f'(x)\mathrm{d}x$. 从而有 $\dfrac{\mathrm{d}y}{\mathrm{d}x} = f'(x)$.

这就是说，函数的微分 dy 与自变量的微分 dx 之商等于该函数的导数. 因此，导数也叫作"微商".

2.5.2 微分的几何意义

为了对微分有比较直观的理解，下面说明微分的几何意义.

在直角坐标系中，函数 $y=f(x)$ 的图形是一条曲线. 对于某一个固定的 x_0，曲线上有一个确定的点 $M(x_0,y_0)$，其中 $y_0=f(x_0)$. 当自变量 x 有微小增量 Δx 时，就得到曲线上的另一点 $N(x_0+\Delta x, y_0+\Delta y)$. 由图 2-5 可知：$MQ=\Delta x$，$QN=\Delta y$.

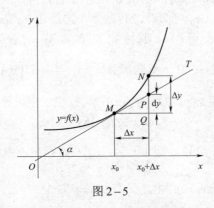

图 2-5

过点 M 作曲线的切线 MT，它的倾角记为 α，则 $QP=MQ\cdot\tan\alpha=\Delta x\cdot f'(x_0)$，即 $dy=QP$.

由此可见，当 Δy 是曲线 $y=f(x)$ 上的点的纵坐标的增量时，dy 就是曲线的切线上点的纵坐标的相应增量. 当 $|\Delta x|$ 很小时，$|\Delta y-dy|$ 比 $|\Delta x|$ 小得多. 因此，在点 M 的邻近，可以用切线段来近似代替曲线段. 在局部范围内用线性函数近似代替非线性函数，在几何上就是局部用切线段近似代替曲线段，这在数学上称为非线性函数的局部线性化，这是微分学的基本思想之一. 这种方法在自然科学和工程问题的研究中是被经常采用的.

2.5.3 基本初等函数的微分公式与微分运算法则

从函数的微分的表达式 $dy=f'(x)dx$ 可以看出，要计算函数的微分，只要计算函数的导数，再乘自变量的微分即可. 因此，可得以下的微分公式和微分运算法则.

1. 基本初等函数的微分公式

$$d(x^\mu)=\mu x^{\mu-1}dx,$$

$$d(\sin x)=\cos x\,dx, \qquad d(\cos x)=-\sin x\,dx,$$

$$d(\tan x)=\sec^2 x\,dx, \qquad d(\cot x)=-\csc^2 x\,dx,$$

$$d(\sec x)=\sec x\tan x\,dx, \qquad d(\csc x)=-\csc x\cot x\,dx,$$

$$d(a^x)=a^x\ln a\,dx, \qquad d(e^x)=e^x\,dx,$$

$$d(\log_a x)=\frac{1}{x\ln a}dx, \qquad d(\ln x)=\frac{1}{x}dx,$$

$$d(\arcsin x)=\frac{1}{\sqrt{1-x^2}}dx \qquad d(\arccos x)=-\frac{1}{\sqrt{1-x^2}}dx,$$

$$d(\arctan x) = \frac{1}{1+x^2}dx, \qquad d(\text{arccot}\, x) = -\frac{1}{1+x^2}dx.$$

2. 函数和、差、积、商的微分法则

由函数的和、差、积、商的求导法则，可推得相应的微分法则，具体如下（其中 $u=u(x)$，$v=v(x)$ 在 x 点处都可导）.

$$d(u \pm v) = du \pm dv;$$
$$d(Cu) = Cdu;$$
$$d(u \cdot v) = vdu + udv;$$
$$d\left(\frac{u}{v}\right) = \frac{vdu - udv}{v^2}(v \neq 0).$$

下面以乘积的微分法则为例进行证明.

证 根据函数微分的表达式，有 $d(uv) = (uv)'dx$.

再根据乘积的求导法则，有 $(uv)' = u'v + uv'$. 于是 $d(uv) = (u'v + uv')dx = u'vdx + uv'dx$.

由于 $u'dx = du$，$v'dx = dv$，所以 $d(uv) = vdu + udv$.

其他微分法则可类似证明.

3. 复合函数的微分法则

设 $y = f(u)$ 及 $u = \varphi(x)$ 都可导，则复合函数 $y = f(\varphi(x))$ 的微分为 $dy = y'_x dx = f'(u)\varphi'(x)dx$.

由于 $\varphi'(x)dx = du$，所以，复合函数 $y = f(\varphi(x))$ 的微分公式也可以写成 $dy = f'(u)du$ 或 $dy = y'_u du$.

由此可见，无论 u 是自变量还是另一个变量的可微函数，微分形式 $dy = f'(u)du$ 保持不变. 这一性质称为微分形式不变性. 该性质表示，当变换自变量时，微分形式 $dy = f'(u)du$ 并不改变.

例 2-42 $y = \cos(3x-2)$，求 dy.

解 把 $3x-2$ 看成中间变量 u，则

$$dy = d(\cos u) = -\sin u du = -\sin(3x-2)d(3x-2) = -\sin(3x-2) \times 3dx = -3\sin(3x-2)dx.$$

在求复合函数的微分时，可以不写出中间变量.

例 2-43 $y = \ln(1+e^{x^2})$，求 dy.

解 $dy = d\ln(1+e^{x^2}) = \frac{1}{1+e^{x^2}}d(1+e^{x^2}) = \frac{1}{1+e^{x^2}} \cdot e^{x^2}d(x^2) = \frac{1}{1+e^{x^2}} \cdot e^{x^2} \cdot 2xdx = \frac{2xe^{x^2}}{1+e^{x^2}}dx.$

例 2-44 $y = x^2\arctan x$，求 dy.

解 应用积的微分法则，得

$$dy = d(x^2\arctan x) = \arctan x d(x^2) + x^2 d(\arctan x)$$
$$= \arctan x \cdot 2xdx + x^2 \cdot \frac{1}{1+x^2}dx = 2x\arctan xdx + \frac{x^2}{1+x^2}dx.$$

例 2-45 在括号中填入适当的函数，使等式成立.

（1）$d(\quad) = xdx$；

（2）$d(\quad) = \cos t\, dt$.

解 （1）因为 $d(x^2)=(x^2)'dx=2xdx$，所以 $xdx=\frac{1}{2}d(x^2)=d\left(\frac{1}{2}x^2\right)$，即 $d\left(\frac{1}{2}x^2\right)=xdx$.

一般地，有 $d\left(\frac{1}{2}x^2+C\right)=xdx$ （C 为任意常数）.

（2）因为 $d(\sin\omega t)=(\sin\omega t)'dt=\omega\cos\omega t\,dt$，所以 $\cos\omega t\,dt=\frac{1}{\omega}d(\sin\omega t)=d\left(\frac{1}{\omega}\sin\omega t\right)$.

一般地，有 $d\left(\frac{1}{\omega}\sin\omega t+C\right)=\cos\omega t\,dt$ （C 为任意常数）.

2.5.4 微分在近似计算中的应用

在工程问题中，经常会遇到一些复杂的计算公式．如果直接用这些公式进行计算会很费力．利用微分往往可以把一些复杂的计算公式改用简单的近似公式来代替．

前面已经讲过，如果函数 $y=f(x)$ 在点 x_0 处的导数 $f'(x_0)\neq 0$，且当 $|\Delta x|$ 很小时，有 $\Delta y\approx dy=f'(x_0)\Delta x$，即

$$\Delta y=f(x_0+\Delta x)-f(x_0)\approx dy=f'(x_0)\Delta x, \tag{2-13}$$

或

$$f(x_0+\Delta x)\approx f(x_0)+f'(x_0)\Delta x. \tag{2-14}$$

若令 $x=x_0+\Delta x$，即 $\Delta x=x-x_0$，那么又有 $f(x)\approx f(x_0)+f'(x_0)(x-x_0)$.

例 2-46 有一批半径为 1 cm 的球，为了提高球面的光洁度，要镀上一层铜，厚度定为 0.01 cm. 估计一下每只球需用铜多少克（铜的密度是 8.9 g/cm³）？

解 已知球体体积为 $V=\frac{4}{3}\pi R^3$，$R_0=1$ cm，$\Delta R=0.01$ cm.

利用近似计算式（2-13），镀层的体积为

$$\Delta V=V(R_0+\Delta R)-V(R_0)\approx V'(R_0)\Delta R=4\pi R_0^2\Delta R\approx 4\times 3.14\times 1^2\times 0.01\approx 0.13\text{（cm}^3\text{）}.$$

于是，镀每只球需用的铜约为 $0.13\times 8.9=1.16$（g）．

例 2-47 利用微分计算 $\sin 29°30'$ 的近似值.

解 已知 $29°30'=\frac{\pi}{6}-\frac{\pi}{360}$，$x_0=\frac{\pi}{6}$，$\Delta x=-\frac{\pi}{360}$. 利用近似计算式（2-14），有

$$\sin 29°30'=\sin(x_0+\Delta x)\approx\sin x_0+\Delta x\cos x_0=\sin\frac{\pi}{6}+\cos\frac{\pi}{6}\cdot\left(-\frac{\pi}{360}\right)$$

$$=\frac{1}{2}+\frac{\sqrt{3}}{2}\times\left(-\frac{\pi}{360}\right)\approx 0.4924.$$

即 $\sin 29°30'\approx 0.4924$.

在上述近似计算公式中，特别地，当 $x_0=0$ 时，有 $f(x)\approx f(0)+f'(0)x$.

下面是一些常用的近似公式（假定 $|x|$ 是较小的数值）：

（1）$(1+x)^\alpha\approx 1+\alpha x$ （$\alpha\in\mathbf{R}$）；

（2）$\sin x\approx x$ （x 用 rad 作单位来表达）；

（3）$\tan x\approx x$ （x 用 rad 作单位来表达）；

（4）$e^x\approx 1+x$；

(5) $\ln(1+x) \approx x$.

证 （1）利用微分加以证明.

取 $f(x) = (1+x)^\alpha$，那么 $f(0) = 1$，$f'(0) = \alpha(1+x)^{\alpha-1}\big|_{x=0} = \alpha$，可得 $(1+x)^\alpha \approx 1 + \alpha x$.

其他近似公式可类似证明.

例 2-48 计算 $\sqrt{1.05}$ 的近似值.

解 已知 $\sqrt{1.05} = \sqrt{1+0.05}$，这里 0.05 很小，利用上述近似计算公式 $\alpha = \dfrac{1}{2}$ 的情形，有

$$\sqrt{1.05} = \sqrt{1+0.05} \approx 1 + \frac{1}{2} \times 0.05 = 1.025.$$

直接开方的结果是 $\sqrt{1.05} = 1.02470$.

2.6 知 识 拓 展

2.6.1 导数的定义拓展

1. 应力

任意一物体，受到外力的作用都将产生变形. 用一个假想的平面把物体切开，取其一部分进行研究，截面上的内力一般不是均匀分布的.

为研究截面上 P 点的内力大小，取切面上过 P 点的一个微小面积单元来考察（见图 2-6）.

设 ΔA 的法线方向为 $\boldsymbol{n}$，它上面的内力主矢量为 $\Delta \boldsymbol{F}$，ΔA 上面的平均应力可以表示为 $\boldsymbol{\tau}_a = \dfrac{\Delta \boldsymbol{F}}{\Delta A}$. 如果让 ΔA 逐渐缩小，最后趋于零，则得到过点 P、面积外法向为 $\boldsymbol{n}$ 的面上的应力为：$\boldsymbol{\tau}(\boldsymbol{n}) = \lim\limits_{\Delta A \to 0} \dfrac{\Delta \boldsymbol{F}}{\Delta A}$.

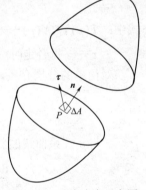

图 2-6 一点应力示意图

应力 $\boldsymbol{\tau}(\boldsymbol{n})$ 是一个矢量，它在切面法线方向上的投影叫正应力或法应力（normal stress），在平行于切面上的投影叫剪应力或切应力（shear stress）.

2. 群速度

较长的周期波的包络线速度称为群速度. 利用谐波参数之间的各种关系，可以把群速度表示为：

$$U = \frac{\mathrm{d}\omega}{\mathrm{d}k} = \frac{\mathrm{d}(ck)}{\mathrm{d}k} = c + k\frac{\mathrm{d}c}{\mathrm{d}k}.$$

式中：c ——相速度（短周期的波速称为相速度）；

k ——波数；

ω ——频率，$\omega = ck$.

3. Benndorf 定律（变化率）

考虑一个以均匀的速度 v 在介质里传播，并与水平地表面相交的平面波（见图 2–7）．注意，这里假定的平面波是由于震源距观测点很远，可以近似把地震震源看作无穷远射过来的地震射线．沿射线路径，波阵面在 t 和 $t+\Delta t$ 之间所走的距离为 Δs．射线相对于垂直方向的角度 i 叫作入射角（由于与垂直方向的偏离，本书中称之为偏垂角）．这样 i 就可以把 Δs 与波阵面在地表面分开的距离 Δx 联系起来

$$\Delta s = \Delta x \sin i.$$

因为 $\Delta s = v\Delta t$，故有：$v\Delta t = \Delta x \sin i$ 或

$$p = \frac{\Delta t}{\Delta x} = \frac{\sin i}{v} = u \sin i.$$

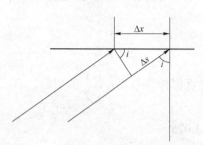

图 2–7 地震射线入射到地表的情况

这个式子就是平层介质中的 Benndorf 定律．这里 u 是慢度（$u = \dfrac{1}{v}$，v 是速度），p 叫作射线参数（在波动方程中也是这样定义的）．

2.6.2 初等函数的导数或微分拓展

折合走时

为了更清楚地研究走时、震中距及 p 参数之间的关系，地震学中引入

$$\tau(p) = T(p) - pX(p).$$

式中：$T(p)$，$X(p)$——射线参数为 p 的走时和震中距；

τ——折合走时．

对简单的分层介质，有

$$\tau(p) = 2\sum_i (u_i^2 - p^2)^{1/2} \Delta z_i = 2\sum_i \eta_i \Delta z_i, \quad u_i > p.$$

τ 与 p 关系曲线的斜率为

$$\frac{d\tau}{dp} = \frac{d}{dp} 2\int_0^{z_p} (u^2 - p^2)^{1/2} dz = -2p \int_0^{z_p} \frac{dz}{(u^2 - p^2)^{1/2}}.$$

因此有：$\dfrac{d\tau}{dp} = -X(p).$

τ 的二阶导数较简单，为：$\dfrac{d^2\tau}{dp^2} = \dfrac{d}{dp}(-X) = -\dfrac{dX}{dp}.$

2.6.3 曲率拓展

1. 射线的曲率

如图 2–8 所示，设 FJ 是一条由震源 F 到地球表面上一点 J 的地震射线，L 是其最低点．BN 和 BM 分别为射线在点 $B(r,\theta)$ 处的法线和切线，M 和 N 分别是它们与 OL 及其延长线的交点．

以 ω 表示 $\angle ONB$，φ 表示 $\angle BMN$，i 表示 $\angle MBO$，θ 表示 $\angle BOL$. 射线的一小段弧 AB 为 $\mathrm{d}s$，ρ 表示射线在 B 点的曲率半径，则球层介质中的射线曲率为

$$\frac{1}{\rho} = \frac{\mathrm{d}\omega}{\mathrm{d}s}.$$

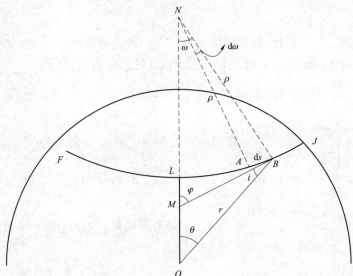

图 2-8　求解射线曲率的示意图

2. 延伸阅读

由图 2-8 可知：$\omega = \frac{\pi}{2} - \varphi = \frac{\pi}{2} - i - \theta$，代入上式得到 $\frac{1}{\rho} = -\frac{\mathrm{d}i}{\mathrm{d}s} - \frac{\mathrm{d}\theta}{\mathrm{d}s}$.

由小微元分析，可知：$\sin i = \frac{r\mathrm{d}\theta}{\mathrm{d}s}$，$\cos i = \frac{\mathrm{d}r}{\mathrm{d}s}$，所以 $\frac{1}{\rho} = -\cos i \frac{\mathrm{d}i}{\mathrm{d}r} - \frac{\sin i}{r}$.

将 Snell 定律表达式 $p = \frac{r\sin i}{v}$ 对 r 求微商得：$\frac{\sin i}{v} + \frac{r\cos i}{v}\frac{\mathrm{d}i}{\mathrm{d}r} - \frac{r\sin i}{v^2}\frac{\mathrm{d}v}{\mathrm{d}r} = 0$，解出 $\frac{\mathrm{d}i}{\mathrm{d}r}$，

代入曲率表达式可得：$\frac{1}{\rho} = -\frac{\sin i}{v}\frac{\mathrm{d}v}{\mathrm{d}r}$.

如果随深度线性增加的速度定义为 $v = v_0 + br$，则可以得到 $\frac{1}{\rho} = \frac{\sin i}{v}b = C$.

即射线的曲率半径为常数，这说明速度随深度线性增加的介质中的射线路径为标准圆弧.

本 章 习 题

1. 选择题

（1）若下列极限存在，则成立的是_____.

A. $\lim\limits_{\Delta x \to 0^-} \frac{f(a+\Delta x) - f(a)}{\Delta x} = f'(a)$　　B. $\lim\limits_{\Delta x \to 0} \frac{f(tx) - f(0)}{x} = f'(0)$

C. $\lim\limits_{t \to 0} \dfrac{f(x_0) - f(x_0 - t)}{t} = f'(x_0)$ D. $\lim\limits_{x \to 0} \dfrac{f(x) - f(a)}{a - x} = f'(a)$

(2) 设函数 $f(x) = \begin{cases} \dfrac{\sqrt{1+x}-1}{x} & x \neq 0 \\ \dfrac{1}{2} & x = 0 \end{cases}$ 在 $x=0$ 处 _____.

  A. 不连续   B. 连续但不可导   C. 二阶可导   D. 仅一阶可导

(3) 设函数 $f(x) = x\ln 2x$ 在 x_0 处可导，且 $f'(x_0) = 2$，则 $f(x_0)$ 等于 _____.

  A. 1   B. $\dfrac{e}{2}$ C. $\dfrac{2}{e}$ D. e

(4) 设 $f(x) = \begin{cases} e^{ax} & x \geqslant 0 \\ b + \sin 2x & x < 0 \end{cases}$ 在点 $x=0$ 处可导，则 a, b 的值为 _____.

  A. $a=0$，$b=1$ B. $a=-2$，$b=1$ C. $a=2$，$b=1$ D. $a=1$，$b=2$

(5) 设 $f(x) = \begin{cases} \dfrac{1-\cos x}{\sqrt{x}} & x > 0 \\ x^2 g(x) & x \leqslant 0 \end{cases}$，其中 $g(x)$ 是有界函数，则 $f(x)$ 在 $x=0$ 处 _____.

  A. 极限不存在   B. 极限存在，但不连续
  C. 连续，但不可导   D. 可导

(6) 设函数 $f(x)$ 在点 $x=a$ 处可导，则 $\lim\limits_{x \to 0} \dfrac{f(a+x) - f(a-x)}{x}$ 等于 _____.

  A. 0   B. $f'(a)$ C. $2f'(a)$ D. $f'(2a)$

(7) 设 $f(x)$ 在 x_0 点可微，且 $f'(x_0) \neq 0$，则当 $|\Delta x|$ 很小时，$f(x_0 + \Delta x) \approx$ _____.

  A. $f(x_0)$ B. $f'(x_0)\Delta x$
  C. $f'(x_0 + \Delta x)\Delta x$ D. $f(x_0) + f'(x_0)\Delta x$

2. 填空题

(1) 设函数 $f(x) = x|x|$，则 $f'(0) =$ _____.

(2) 设 $f(x)$ 在 $x=0$ 处可导，$f(0) = 0$，且 $\lim\limits_{x \to 0} \dfrac{f(2x)}{\sin x} = -1$，那么曲线 $y = f(x)$ 在原点处的切线方程是 _____.

(3) 曲线 $y = x^2 - 2x + 8$ 上点 $(1, 7)$ 处的切线平行于 x 轴，点 $\left(\dfrac{3}{2}, \dfrac{29}{4}\right)$ 处的切线与 x 轴正向的夹角为 _____.

(4) 设 $f(x) = (x^3 - 1)\varphi(x)$，其中 $\varphi(x)$ 在点 $x=1$ 处连续且 $\varphi(1) = 2$，则 $f'(1) =$ _____.

(5) 设 $y = f\left(\dfrac{2x-1}{x+1}\right)$，$f'(x) = \ln x^{\frac{1}{3}}$，则 $\dfrac{dy}{dx} =$ _____.

(6) 函数 $y = (1 + \sin x)x$，则 $dy\big|_{x=\pi} =$ _____.

(7) d _____ = e^{-x} dx.

3. 计算题

(1) $y = x\arctan x - \ln\sqrt{1+x^2}$，求 $\dfrac{\mathrm{d}y}{\mathrm{d}x}$，$\dfrac{\mathrm{d}^2 y}{\mathrm{d}x^2}$.

(2) 设 $y = \ln\sqrt{\dfrac{1+x}{1-x}} - \dfrac{\arcsin x}{\sqrt{1-x^2}}$，求 d$y$.

(3) 用对数求导法求函数 $y = \dfrac{\sqrt{x+2}(3-x)^4}{(x+1)^5}$ 的导数.

(4) 求曲线 $\begin{cases} x = \sin t \\ y = \cos 2t \end{cases}$ 在 $t = \dfrac{\pi}{6}$ 处的切线方程和法线方程.

(5) 求 $y = \dfrac{1-x}{1+x}$ 的 n 阶导数.

(6) 求由方程 $x - y + \dfrac{1}{2}\sin y = 0$ 所确定的隐函数 y 的二阶导数 $\dfrac{\mathrm{d}^2 y}{\mathrm{d}x^2}$.

4. 讨论题

设 $f(x) = \begin{cases} x^n \sin\dfrac{1}{x} & x \neq 0 \\ 0 & x = 0 \end{cases}$ （$n \in \mathbf{N}_+$），问 n 取何值时，

(1) $f(x)$ 在 $x=0$ 处连续；

(2) $f(x)$ 在 $x=0$ 处可导，并求 $f'(x)$；

(3) $f'(x)$ 在 $x=0$ 处连续.

第3章 微分中值定理与导数的应用

在第2章中，我们从分析因变量相对于自变量的变化快慢出发，引入了导数的概念，并讨论了导数的计算方法，进一步引入了微分的定义并讨论了微分的计算方法．本章将应用导数研究函数及曲线的某些性态解决一些实际问题．为此，首先介绍几个微分学中值定理，它们是导数应用的理论基础．

3.1 微分中值定理

3.1.1 罗尔定理

费马引理 设函数 $f(x)$ 在点 x_0 的某邻域 $U(x_0)$ 内有定义，并且在 x_0 处可导，如果对任意 $x \in U(x_0)$，有 $f(x) \leqslant f(x_0)$（或 $f(x) \geqslant f(x_0)$），那么 $f'(x_0) = 0$．

证 不妨设当 $x \in U(x_0)$ 时，$f(x) \leqslant f(x_0)$（若 $f(x) \geqslant f(x_0)$，可以类似证明）．

于是对于 $x_0 + \Delta x \in U(x_0)$，有 $f(x_0 + \Delta x) \leqslant f(x_0)$，

从而当 $\Delta x > 0$ 时，$\dfrac{f(x_0 + \Delta x) - f(x_0)}{\Delta x} \leqslant 0$；

而当 $\Delta x < 0$ 时，$\dfrac{f(x_0 + \Delta x) - f(x_0)}{\Delta x} \geqslant 0$．

根据函数 $f(x)$ 在 x_0 处可导的条件及极限的保号性，可得

$$f'(x_0) = f'_+(x_0) = \lim_{\Delta x \to 0^+} \frac{f(x_0 + \Delta x) - f(x_0)}{\Delta x} \leqslant 0$$

$$f'(x_0) = f'_-(x_0) = \lim_{\Delta x \to 0^-} \frac{f(x_0 + \Delta x) - f(x_0)}{\Delta x} \geqslant 0$$

所以 $f'(x_0) = 0$．

定义 3–1 导数等于零的点称为函数的**驻点**（或稳定点，临界点）．

定理 3–1 罗尔定理 如果函数 $f(x)$ 满足：

(1) 在闭区间 $[a,b]$ 上连续；(2) 在开区间 (a,b) 内可导；(3) 在区间端点处的函数值相等，即 $f(a) = f(b)$，那么在 (a,b) 内至少存在一点 $\xi (a < \xi < b)$，使得函数 $f(x)$ 在该点的导数等于零，即 $f'(\xi) = 0$．

在证明之前，先来看一下罗尔定理的几何意义．由图 3–1，当函数在闭区间 $[a,b]$ 上连续、在开区间 (a,b) 内可导且在区间端点处的函数值 $f(a) = f(b)$ 时，则在开区间 (a,b) 内至少存在一点 ξ，使得该点处的切线平行于 x 轴．

证 由闭区间上连续函数的性质，$f(x)$ 在 $[a,b]$ 上必有最大值 M 和最小值 m，于是有两种可能的情形：

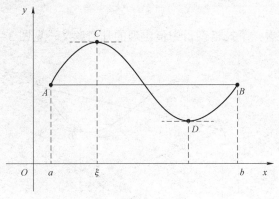

图 3-1

（1）$M = m$，此时 $f(x)$ 在 $[a,b]$ 上必然取相同的数值 M，即 $f(x) = M$. 由此得 $f'(x) = 0$. 因此，任取 $\xi \in (a,b)$，有 $f'(\xi) = 0$.

（2）$M > m$，由于 $f(a) = f(b)$，所以 M 和 m 至少有一个不等于 $f(x)$ 在区间 $[a,b]$ 端点处的函数值. 不妨设 $M \neq f(a)$（若 $m \neq f(a)$，可类似证明），则必定在 (a,b) 内有一点 ξ 使得 $f(\xi) = M$. 因此，任取 $x \in [a,b]$ 有 $f(x) \leqslant f(\xi)$，从而由费马引理有 $f'(\xi) = 0$.

例 3-1 验证罗尔定理对 $f(x) = x^2 - 2x - 3$ 在区间 $[-1,3]$ 上的正确性.

解 $f(x) = x^2 - 2x - 3 = (x-3)(x+1)$ 满足：

（1）在 $[-1,3]$ 上连续；（2）在 $(-1,3)$ 内可导；（3）$f(-1) = f(3) = 0$. 所以函数满足罗尔定理的条件. 又 $f'(x) = 2(x-1)$，取 $\xi = 1$（$1 \in (-1,3)$），有 $f'(\xi) = 0$.

注 ① 若罗尔定理的 3 个条件中有一个不满足，其结论就可能不成立.

例如，$y = |x|$，$x \in [-2,2]$，在 $[-2,2]$ 上除了 $f'(0)$ 不存在外，满足罗尔定理的条件（1）和（3），但在区间 $(-2,2)$ 内不存在使得 $f'(x) = 0$ 的点.

例如，$y = \begin{cases} 1 - x & x \in (0,1] \\ 0 & x = 0 \end{cases}$，除了在点 $x = 0$ 不连续外，在 $[0,1]$ 上满足罗尔定理的条件（2）和（3），但在区间 $(0,1)$ 内不存在使得 $f'(x) = 0$ 的点.

例如，$y = x$，$x \in [0,1]$，除了 $f(0) \neq f(1)$ 外，在 $[0,1]$ 上满足罗尔定理的条件（1）和（2），但在区间 $(0,1)$ 内不存在使得 $f'(x) = 0$ 的点.

② 使得定理成立的 ξ 可能只有一个也可能有多个.

例如，$y = \cos x$，$x \in \left[-\dfrac{\pi}{2}, \dfrac{3\pi}{2} \right]$ 满足定理的 3 个条件，取 $\xi = 0$ 或 π，都有 $f'(\xi) = 0$.

3.1.2 拉格朗日中值定理

在实际应用中，由于罗尔定理的条件（3）有时不能满足，使得其应用受到一定限制. 如果将条件（3）去掉，但仍然保留前两个条件，相应地改变结论，就可以得到微分学中非常重要的拉格朗日中值定理.

定理 3-2 拉格朗日中值定理 如果函数 $f(x)$ 满足：（1）在闭区间 $[a,b]$ 上连续；（2）在开区间 (a,b) 内可导，那么，在 (a,b) 内至少有一点 ξ（$a < \xi < b$），使得等式 $f(b) - f(a) =$

$f'(\xi)(b-a)$ 成立.

在证明之前,先来看一下拉格朗日中值定理的几何意义(见图 3-2).

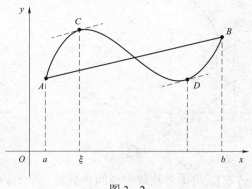

图 3-2

定理的结论可以变形为:$f'(\xi) = \dfrac{f(b) - f(a)}{b - a}$.

由图 3-2 可以看出,等式右端 $\dfrac{f(b)-f(a)}{b-a}$ 为弦 AB 的斜率,而等式左端 $f'(\xi)$ 为曲线在点 C 处的斜率. 因此,拉格朗日中值定理的几何意义是:在区间 $[a,b]$ 上不间断且其上每一点都有不垂直于 x 轴切线的曲线上,至少存在一点 C,使得过 C 点的切线平行于弦 AB. 当 $f(a) = f(b)$ 时,拉格朗日中值定理变为罗尔定理,即罗尔定理是拉格朗日中值定理的特例,而拉格朗日中值定理是罗尔定理的推广. 下面用罗尔定理证明拉格朗日中值定理.

证 弦 AB 的方程为 $y = f(a) + \dfrac{f(b)-f(a)}{b-a}(x-a)$.

考虑到曲线 $f(x)$ 减去弦 AB 所得的曲线在 A、B 两端点的函数值相等,作辅助函数

$$F(x) = f(x) - \left[f(a) + \dfrac{f(b)-f(a)}{b-a}(x-a)\right].$$

于是 $F(x)$ 满足罗尔定理的条件:(1)在闭区间 $[a,b]$ 上连续;(2)在开区间 (a,b) 内可导;(3)在区间端点处的函数值相等,即 $F(a) = F(b) = 0$.

则在 (a,b) 内至少存在一点 ξ,使得:$F'(\xi) = \left[f'(x) - \dfrac{f(b)-f(a)}{b-a}\right]_{x=\xi} = 0$,即

$$f'(\xi) = \dfrac{f(b)-f(a)}{b-a}.$$

从而在 (a,b) 内至少有一点 $\xi(a<\xi<b)$,使得 $f(b)-f(a) = f'(\xi)(b-a)$.

说明 ① $f(b)-f(a) = f'(\xi)(b-a)$ 又称为**拉格朗日中值公式**(简称拉氏公式),此公式对于 $b < a$ 也成立.

② 拉格朗日中值公式精确地表达了函数在一个区间上的增量与函数在该区间内某点处的导数之间的关系;当 $f(x)$ 在 $[a,b]$ 上连续,在 (a,b) 内可导时,若 $x_0, x_0 + \Delta x \in (a,b)$,则有 $f(x_0 + \Delta x) - f(x_0) = f'(x_0 + \theta \Delta x) \cdot \Delta x$,这里 $0 < \theta < 1$,所以 $x_0 + \theta \Delta x$ 位于 x_0 与 $x_0 + \Delta x$ 之间. 如果 $y = f(x)$,也可写成

$$\Delta y = f'(x_0 + \theta \Delta x) \cdot \Delta x \quad (0 < \theta < 1). \tag{3-1}$$

函数的微分 $dy = f'(x) \cdot \Delta x$ 是函数增量 Δy 的近似表达式，一般来说，以 dy 近似 Δy 时所产生的误差，只有当 $\Delta x \to 0$ 时才趋于零. 而式（3-1）却给出了自变量取得有限增量 Δx（$|\Delta x|$ 不一定很小）时函数增量 Δy 的精确表达式. 所以拉格朗日中值公式又称为**有限增量公式**，拉格朗日中值定理又称为**有限增量定理**. 在某些问题中，当自变量 x 取得有限增量 Δx 而需要函数增量的准确表达式时，拉格朗日中值定理就显示出它的价值.

由拉格朗日中值定理可以推出积分学中经常用到的结论：如果函数 $f(x)$ 在某一个区间上是一个常数，那么 $f(x)$ 在该区间上的导数为零. 它的逆命题也是成立的. 这就是下面的推论.

推论 3-1 若函数 $f(x)$ 在区间 I 上连续，在 I 内可导且导数恒为零，则 $f(x)$ 在区间 I 上是一个常数.

证 在区间 I 上任取两点 $x_1, x_2 (x_1 < x_2)$，则 $f(x)$ 在区间 $[x_1, x_2]$ 上满足拉格朗日中值定理的条件，则由拉格朗日中值定理可得：$f(x_2) - f(x_1) = f'(\xi)(x_2 - x_1), \ (x_1 < \xi < x_2)$.

由假定 $f'(\xi) = 0$，所以 $f(x_2) - f(x_1) = 0$，即 $f(x_2) = f(x_1)$.

因为 x_1, x_2 是 I 上任意两点，所以上面的等式表明：$f(x)$ 在 I 上的函数值总是相等的，这就是说，$f(x)$ 在区间 I 上是一个常数.

例 3-2 证明 $\arcsin x + \arccos x = \dfrac{\pi}{2} (-1 \leq x \leq 1)$.

证 设 $f(x) = \arcsin x + \arccos x, \ x \in [-1, 1]$. $\forall x \in (-1, 1)$，$f'(x) = \dfrac{1}{\sqrt{1-x^2}} + \left(-\dfrac{1}{\sqrt{1-x^2}}\right) = 0$，

所以 $f(x) \equiv C, \ x \in (-1, 1)$. $f(0) = \arcsin 0 + \arccos 0 = 0 + \dfrac{\pi}{2} = \dfrac{\pi}{2}$，所以 $C = \dfrac{\pi}{2}$.

又因为 $f(-1) = \arcsin(-1) + \arccos(-1) = -\dfrac{\pi}{2} + \pi = \dfrac{\pi}{2}$，$f(1) = \arcsin(1) + \arccos(1) = \dfrac{\pi}{2} + 0 = \dfrac{\pi}{2}$，所以 $\arcsin x + \arccos x = \dfrac{\pi}{2} (-1 \leq x \leq 1)$.

例 3-3 证明当 $x > 0$ 时，$\dfrac{x}{1+x} < \ln(1+x) < x$.

证 设 $f(t) = \ln(1+t)$，则 $f(t)$ 在 $[0, x]$ 上满足拉格朗日中值定理的条件，于是

$$f(x) - f(0) = f'(\xi)(x - 0), (0 < \xi < x).$$

又因为 $f(0) = 0, \ f'(t) = \dfrac{1}{1+t}$，于是 $\ln(1+x) = \dfrac{x}{1+\xi}$.

因为 $0 < \xi < x$，所以 $1 < 1+\xi < 1+x$，故 $\dfrac{1}{1+x} < \dfrac{1}{1+\xi} < 1$，从而 $\dfrac{x}{1+x} < \dfrac{x}{1+\xi} < x$，即 $\dfrac{x}{1+x} < \ln(1+x) < x$.

3.1.3 柯西中值定理

由拉格朗日中值定理，如果连续曲线弧 $\overset{\frown}{AB}$ 上除端点外处处具有不垂直于横轴的切线，那么这条曲线弧上至少有一个点 C，使得曲线在 C 处的切线平行于弦 AB. 接下来考虑曲线弧 $\overset{\frown}{AB}$ 是由参数方程给出的情形.

设曲线弧 $\overset{\frown}{AB}$ 的参数方程为 $\begin{cases} x = F(t) \\ y = f(t) \end{cases} (a \leqslant t \leqslant b)$，

其中 t 为参数. 则曲线上点 (x, y) 处的切线的斜率为 $\dfrac{\mathrm{d}y}{\mathrm{d}x} = \dfrac{f'(t)}{F'(t)}$.

弦 AB 的斜率为 $\dfrac{f(b) - f(a)}{F(b) - F(a)}$.

假定上述 C 点处对应的参数 $t = \xi$，则曲线上 C 点处的切线平行于弦 AB 可表示为

$$\dfrac{f(b) - f(a)}{F(b) - F(a)} = \dfrac{f'(\xi)}{F'(\xi)}.$$

这是函数方程为参数方程形式下的拉格朗日中值定理的表达形式. 通过对这个特殊问题的思考，可以得到下面一般性的结论.

定理 3-3 柯西中值定理 如果函数 $f(x)$ 及 $F(x)$ 满足
（1）在闭区间 $[a, b]$ 上连续；（2）在开区间 (a, b) 内可导；（3）$\forall x \in (a, b)$，$F'(x) \neq 0$，
那么在 (a, b) 内至少有一点 ξ，使等式 $\dfrac{f(b) - f(a)}{F(b) - F(a)} = \dfrac{f'(\xi)}{F'(\xi)}$ 成立.

在定理证明之前，先对要证的结论作一些分析，以便寻找证明的思路.

弦 AB 的斜率为 $\dfrac{f(b) - f(a)}{F(b) - F(a)}$，弦的方程可表示为 $y = f(a) + \dfrac{f(b) - f(a)}{F(b) - F(a)} [F(x) - F(a)]$.

曲线弧 $\overset{\frown}{AB}$ 与弦 AB 之间的差距可表示为 $\varphi(x) = f(x) - f(a) - \dfrac{f(b) - f(a)}{F(b) - F(a)} [F(x) - F(a)]$，则 $\varphi(x)$ 在 $[a, b]$ 上满足罗尔中值定理的条件，根据罗尔中值定理可得结论.

证 首先注意到 $F(b) - F(a) \neq 0$. 这是因为根据定理的条件，$F(x)$ 在 $[a, b]$ 上满足拉格朗日中值定理的条件，则在 (a, b) 内至少存在一点 η，使得 $F(b) - F(a) = F'(\eta)(b - a)$.

又因为 $\forall x \in (a, b)$，$F'(x) \neq 0$，所以 $F'(\eta) \neq 0$，则 $F(b) - F(a) \neq 0$.

作辅助函数 $\varphi(x) = f(x) - f(a) - \dfrac{f(b) - f(a)}{F(b) - F(a)} [F(x) - F(a)]$.

则 $\varphi(x)$ 在 $[a, b]$ 上满足罗尔定理的条件，根据罗尔中值定理的结论，在 (a, b) 内至少存在一点 ξ，使得 $\varphi'(\xi) = f'(\xi) - \dfrac{f(b) - f(a)}{b - a} F'(\xi) = 0$，即 $\dfrac{f(b) - f(a)}{F(b) - F(a)} = \dfrac{f'(\xi)}{F'(\xi)}$.

特别地，当 $F(x) = x$ 时，$F(b) - F(a) = b - a$，$F'(x) = 1$. 由 $\dfrac{f(b) - f(a)}{F(b) - F(a)} = \dfrac{f'(\xi)}{F'(\xi)}$，得 $\dfrac{f(b) - f(a)}{b - a} = f'(\xi)$，即 $f(b) - f(a) = f'(\xi)(b - a)$.

所以拉格朗日中值定理是柯西中值定理的特例，而柯西中值定理是拉格朗日中值定理的推广。

例 3-4 设函数 $f(x)$ 在 $[0,1]$ 上连续，在 $(0,1)$ 内可导，证明：至少存在一点 $\xi \in (0,1)$，使
$$f'(\xi) = 2\xi[f(1) - f(0)].$$

分析 结论可变形为 $\dfrac{f(1) - f(0)}{1 - 0} = \dfrac{f'(\xi)}{2\xi} = \dfrac{f'(x)}{(x^2)'}\bigg|_{x=\xi}$。

证 设 $g(x) = x^2$，则 $f(x), g(x)$ 在 $[0,1]$ 上满足柯西中值定理的条件。于是至少存在一点 $\xi \in (0,1)$，使 $\dfrac{f(1) - f(0)}{1 - 0} = \dfrac{f'(\xi)}{2\xi}$，即 $f'(\xi) = 2\xi[f(1) - f(0)]$。

3.2 洛必达法则

如果当 $x \to a$（或 $x \to \infty$）时，两个函数 $f(x)$ 和 $F(x)$ 都趋于零或趋于无穷大，那么函数的商的极限 $\lim\limits_{\substack{x \to a \\ (\text{或} x \to \infty)}} \dfrac{f(x)}{F(x)}$ 可能存在，也可能不存在。通常将这种极限称为**未定式**，并分别记作 $\dfrac{0}{0}$ 或 $\dfrac{\infty}{\infty}$。例如，$\lim\limits_{x \to 0} \dfrac{\tan x}{x}$ 为 $\dfrac{0}{0}$ 型未定式，$\lim\limits_{x \to 0} \dfrac{\ln \sin x}{\ln \sin 2x}$ 为 $\dfrac{\infty}{\infty}$ 型未定式。

第 1 章中已经讨论过，这种类型的极限不能用"商的极限等于极限的商"这一运算法则。下面将根据柯西中值定理推导出求这类极限的一种简便且重要的方法——洛必达法则。

3.2.1 $\dfrac{0}{0}$ 型和 $\dfrac{\infty}{\infty}$ 型未定式

下面以 $x \to a$ 为例，讨论 $\dfrac{0}{0}$ 型未定式，有下面的定理。

定理 3-4 设

（1）当 $x \to a$ 时，函数 $f(x)$ 和 $F(x)$ 都趋于零；

（2）在 a 点的某去心邻域 $\mathring{U}(a, \delta)$ 内，$f'(x)$ 和 $F'(x)$ 都存在且 $F'(x) \neq 0$；

（3）$\lim\limits_{x \to a} \dfrac{f'(x)}{F'(x)}$ 存在（或为无穷大），则

$$\lim_{x \to a} \frac{f(x)}{F(x)} = \lim_{x \to a} \frac{f'(x)}{F'(x)}.$$

这就是说，在满足定理条件的前提下，当 $\lim\limits_{x \to a} \dfrac{f'(x)}{F'(x)}$ 存在时，$\lim\limits_{x \to a} \dfrac{f(x)}{F(x)}$ 也存在且等于 $\lim\limits_{x \to a} \dfrac{f'(x)}{F'(x)}$，当 $\lim\limits_{x \to a} \dfrac{f'(x)}{F'(x)}$ 为无穷大时，$\lim\limits_{x \to a} \dfrac{f(x)}{F(x)}$ 也为无穷大。这种在一定条件下通过分子、分母分别求导再求极限来确定未定式的值的方法称为**洛必达法则**。

证 定义两个辅助函数 $f_1(x) = \begin{cases} f(x) & x \neq a \\ 0 & x = a \end{cases}$ 与 $F_1(x) = \begin{cases} F(x) & x \neq a \\ 0 & x = a \end{cases}$。

因为 $\lim\limits_{x\to a}f_1(x)=0=f_1(a)$，$\lim\limits_{x\to a}F_1(x)=0=F_1(a)$，所以函数 $f_1(x)$、$F_1(x)$ 在 $x=a$ 处连续.

在 $\overset{\circ}{U}(a,\delta)$ 内任取一点 x，在以 a 和 x 为端点的区间上，函数 $f_1(x)$ 和 $F_1(x)$ 满足柯西中值定理的条件，则有 $\dfrac{f(x)}{F(x)}=\dfrac{f(x)-f(a)}{F(x)-F(a)}=\dfrac{f'(\xi)}{F'(\xi)}$（$\xi$ 在 a 与 x 之间）.

令 $x\to a$，上式两端取极限，而当 $x\to a$ 时，有 $\xi\to a$，再结合定理中的条件（3）即可得结论.

说明 ① 如果 $\lim\limits_{x\to a}\dfrac{f'(x)}{F'(x)}$ 仍属于 $\dfrac{0}{0}$ 型，且 $f'(x)$ 和 $F'(x)$ 满足洛必达法则的条件，可继续使用洛必达法则，即 $\lim\limits_{x\to a}\dfrac{f(x)}{F(x)}=\lim\limits_{x\to a}\dfrac{f'(x)}{F'(x)}=\lim\limits_{x\to a}\dfrac{f''(x)}{F''(x)}$，以此类推.

② 对于 $x\to\infty$ 时的未定式 $\dfrac{0}{0}$，以及对于 $x\to a$ 或 $x\to\infty$ 时的未定式 $\dfrac{\infty}{\infty}$，也有相应的洛必达法则. 例如，对于 $x\to\infty$ 时的未定式 $\dfrac{0}{0}$ 有下列定理.

定理 3-5 设

（1）当 $x\to\infty$ 时，函数 $f(x)$ 和 $F(x)$ 都趋于零；

（2）当 $|x|>X$ 时，$f'(x)$ 和 $F'(x)$ 都存在且 $F'(x)\neq 0$；

（3）$\lim\limits_{x\to\infty}\dfrac{f'(x)}{F'(x)}$ 存在（或为无穷大），则

$$\lim_{x\to\infty}\frac{f(x)}{F(x)}=\lim_{x\to\infty}\frac{f'(x)}{F'(x)}.$$

例 3-5 求 $\lim\limits_{x\to 0}\dfrac{\tan x}{x}$.

解 这是 $\dfrac{0}{0}$ 型未定式. 原式 $=\lim\limits_{x\to 0}\dfrac{(\tan x)'}{(x)'}=\lim\limits_{x\to 0}\dfrac{\sec^2 x}{1}=1$.

例 3-6 求 $\lim\limits_{x\to 1}\dfrac{x^3-3x+2}{x^3-x^2-x+1}$.

解 这是 $\dfrac{0}{0}$ 型未定式. 原式 $=\lim\limits_{x\to 1}\dfrac{3x^2-3}{3x^2-2x-1}=\lim\limits_{x\to 1}\dfrac{6x}{6x-2}=\dfrac{3}{2}$.

例 3-7 求 $\lim\limits_{x\to +\infty}\dfrac{\dfrac{\pi}{2}-\arctan x}{\dfrac{1}{x}}$.

解 这是 $\dfrac{0}{0}$ 型未定式. 原式 $=\lim\limits_{x\to +\infty}\dfrac{-\dfrac{1}{1+x^2}}{-\dfrac{1}{x^2}}=\lim\limits_{x\to +\infty}\dfrac{x^2}{1+x^2}=1$.

例 3-8 求 $\lim\limits_{x\to 0}\dfrac{\ln\sin x}{\ln\sin 2x}$.

解 这是 $\dfrac{\infty}{\infty}$ 型未定式. 原式 $= \lim\limits_{x \to 0} \dfrac{\cos x \cdot \sin 2x}{2\cos 2x \cdot \sin x} = \lim\limits_{x \to 0} \dfrac{\cos x}{2\cos 2x} \cdot \lim\limits_{x \to 0} \dfrac{\sin 2x}{\sin x}$

$\qquad\qquad = \lim\limits_{x \to 0} \dfrac{\cos x}{2\cos 2x} \cdot \lim\limits_{x \to 0} \dfrac{2x}{x} = 1.$

例 3-9 求 $\lim\limits_{x \to \frac{\pi}{2}} \dfrac{\tan x}{\tan 3x}$.

解 这是 $\dfrac{\infty}{\infty}$ 型未定式. 原式 $= \lim\limits_{x \to \frac{\pi}{2}} \dfrac{\sec^2 x}{3\sec^2 3x} = \dfrac{1}{3} \lim\limits_{x \to \frac{\pi}{2}} \dfrac{\cos^2 3x}{\cos^2 x}$

$\qquad\qquad = \dfrac{1}{3} \lim\limits_{x \to \frac{\pi}{2}} \dfrac{-6\cos 3x \sin 3x}{-2\cos x \sin x} = \lim\limits_{x \to \frac{\pi}{2}} \dfrac{\sin 6x}{\sin 2x} = \lim\limits_{x \to \frac{\pi}{2}} \dfrac{6\cos 6x}{2\cos 2x} = 3.$

洛必达法则是求未定式的一种有效方法, 但与其他求极限方法结合使用, 效果更好. 例如, 能化简时应尽可能先化简, 可以应用等价无穷小代替或重要极限时尽可能应用, 这样可以使运算简捷. 如下例.

例 3-10 求 $\lim\limits_{x \to 0} \dfrac{\tan x - x}{x^2 \tan x}$.

解 这是 $\dfrac{0}{0}$ 型未定式. 因为 $x \to 0$, $\tan x \sim x$, $\tan^2 x \sim x^2$, 所以

原式 $= \lim\limits_{x \to 0} \dfrac{\tan x - x}{x^3} = \lim\limits_{x \to 0} \dfrac{\sec^2 x - 1}{3x^2} = \dfrac{1}{3} \lim\limits_{x \to 0} \dfrac{\tan^2 x}{x^2} = \dfrac{1}{3} \lim\limits_{x \to 0} \dfrac{x^2}{x^2} = \dfrac{1}{3}.$

3.2.2 其他类型未定式

除了 $\dfrac{0}{0}$ 型和 $\dfrac{\infty}{\infty}$ 型未定式, 还有一些其他类型的未定式, 如 $0 \cdot \infty$、$\infty - \infty$、0^0、1^∞、∞^0 型未定式. 计算这些未定式的关键是如何将它们化为洛必达法则可解决的 $\dfrac{0}{0}$ 型或 $\dfrac{\infty}{\infty}$ 型. 下面将通过例题进行介绍.

例 3-11 求 $\lim\limits_{x \to +\infty} x^{-2} \mathrm{e}^x$.

解 这是 $0 \cdot \infty$ 型未定式. 原式 $= \lim\limits_{x \to +\infty} \dfrac{\mathrm{e}^x}{x^2} = \lim\limits_{x \to +\infty} \dfrac{\mathrm{e}^x}{2x} = \lim\limits_{x \to \infty} \dfrac{\mathrm{e}^x}{2} = +\infty.$

例 3-12 求 $\lim\limits_{x \to 0} \left(\dfrac{1}{\sin x} - \dfrac{1}{x} \right)$.

解 这是 $\infty - \infty$ 型未定式. 原式 $= \lim\limits_{x \to 0} \dfrac{x - \sin x}{x \cdot \sin x} = \lim\limits_{x \to 0} \dfrac{x - \sin x}{x^2} = \lim\limits_{x \to 0} \dfrac{1 - \cos x}{2x} = \lim\limits_{x \to 0} \dfrac{\sin x}{2} = 0.$

例 3-13 求 $\lim\limits_{x \to 0^+} x^x$.

解 这是 0^0 型未定式. 原式 $= \lim\limits_{x \to 0^+} e^{x\ln x} = e^{\lim\limits_{x \to 0^+} x \cdot \ln x} = e^{\lim\limits_{x \to 0^+} \frac{\ln x}{\frac{1}{x}}} = e^{\lim\limits_{x \to 0^+} \frac{\frac{1}{x}}{-\frac{1}{x^2}}} = e^{-\lim\limits_{x \to 0^+} x} = e^0 = 1.$

例 3-14 求 $\lim\limits_{x \to 1} x^{\frac{1}{1-x}}$.

解 这是 1^∞ 型未定式. 原式 $= \lim\limits_{x \to 1} e^{\frac{1}{1-x}\ln x} = e^{\lim\limits_{x \to 1} \frac{\ln x}{1-x}} = e^{\lim\limits_{x \to 1} \frac{\frac{1}{x}}{-1}} = e^{-1}.$

例 3-15 求 $\lim\limits_{x \to 0^+} (\cot x)^{\frac{1}{\ln x}}$.

解 这是 ∞^0 型未定式. 由于 $(\cot x)^{\frac{1}{\ln x}} = e^{\frac{1}{\ln x} \cdot \ln(\cot x)}$, 而

$$\lim_{x \to 0^+} \frac{1}{\ln x} \cdot \ln(\cot x) = \lim_{x \to 0^+} \frac{-\frac{1}{\cot x} \cdot \frac{1}{\sin^2 x}}{\frac{1}{x}} = \lim_{x \to 0^+} \frac{-x}{\cos x \cdot \sin x} = -1,$$

所以，原式 $= e^{-1}$.

注 洛必达法则是求未定式的一种方法. 当定理条件满足时，所求的极限当然存在 (或为 ∞)，但当定理条件不满足时，所求的极限不一定不存在. 也就是说，随着自变量的某个变化过程，当 $\lim \dfrac{f'(x)}{F'(x)}$ 不存在 (等于无穷大的情况除外) 时，$\lim \dfrac{f(x)}{F(x)}$ 仍可能存在. 如下例.

例 3-16 求 $\lim\limits_{x \to \infty} \dfrac{x + \cos x}{x}$.

解 下面的解法是错误的:

原式 $= \lim\limits_{x \to \infty} \dfrac{1 - \sin x}{1} = \lim\limits_{x \to \infty}(1 - \sin x)$，因为 $\lim\limits_{x \to \infty}(1 - \sin x)$ 不存在，所以 $\lim\limits_{x \to \infty} \dfrac{x + \cos x}{x}$ 不存在.

事实上，此时 $\lim\limits_{x \to \infty} \dfrac{f'(x)}{F'(x)} = \lim\limits_{x \to \infty}(1 - \sin x)$ 不存在也不是无穷大，不符合洛必达法则的条件，所以不能用洛必达法则求解. 正确解法为:

$$\lim_{x \to \infty} \frac{x + \cos x}{x} = \lim_{x \to \infty}\left(1 + \frac{1}{x}\cos x\right) = 1 + \lim_{x \to \infty}\frac{1}{x}\cos x = 1 + 0 = 1.$$

如果数列极限也属于未定式的极限问题，需先将其转换为函数极限，然后使用洛必达法则，从而求出数列极限.

例 3-17 求 $\lim\limits_{n \to \infty}\left[\tan^n\left(\dfrac{\pi}{4} + \dfrac{2}{n}\right)\right]$.

解 这是 1^∞ 型未定式.

设 $f(x) = \tan^x\left(\dfrac{\pi}{4} + \dfrac{2}{x}\right)$，则 $f(n) = \tan^n\left(\dfrac{\pi}{4} + \dfrac{2}{n}\right).$

因为 $\lim\limits_{x \to +\infty} f(x) = \exp\left[\lim\limits_{x \to +\infty} x \ln \tan\left(\dfrac{\pi}{4} + \dfrac{2}{x}\right)\right]$

$= \exp\left[\lim\limits_{x \to +\infty} \dfrac{\ln \tan\left(\dfrac{\pi}{4} + \dfrac{2}{x}\right)}{\dfrac{1}{x}}\right] = \exp\left[\lim\limits_{x \to +\infty} \dfrac{\dfrac{1}{\tan\left(\dfrac{\pi}{4} + \dfrac{2}{x}\right)} \sec^2\left(\dfrac{\pi}{4} + \dfrac{2}{x}\right) \cdot \left(-\dfrac{2}{x^2}\right)}{-\dfrac{1}{x^2}}\right]$

$= \exp\left[2 \times \lim\limits_{x \to +\infty} \dfrac{1}{\tan\left(\dfrac{\pi}{4} + \dfrac{2}{x}\right)} \lim\limits_{x \to +\infty} \sec^2\left(\dfrac{\pi}{4} + \dfrac{2}{x}\right)\right] = \mathrm{e}^4,$

所以根据函数极限与数列极限的关系可得 $\lim\limits_{n \to \infty} f(n) = \lim\limits_{x \to +\infty} f(x) = \mathrm{e}^4.$

3.3 泰勒公式

对于一些较复杂的函数,为了便于研究,往往希望用一些简单的函数来近似表达. 由于用多项式表示的函数,只要对自变量进行有限次加、减、乘 3 种运算,便能求出它的函数值,因此经常用多项式来近似表达函数.

在微分的应用中已经知道,当 $|x|$ 很小时,有以下的近似式: $\sin x \approx x$,$\mathrm{e}^x \approx 1 + x$,$\ln(1+x) \approx x$. 这些都是用一次多项式来近似表达函数的例子. 但是这种近似表达式还存在不足之处: 首先是精确度不高,它产生的误差仅是关于 x 的高阶无穷小; 其次是用它来作近似计算时,不能具体估算出误差大小. 因此,对于精确度要求较高且需要估计误差的时候,就必须用高次多项式来近似表达函数,同时给出误差公式.

设函数 $f(x)$ 在含有 x_0 的开区间内具有直到 $n+1$ 阶导数,试找出一个关于 $x - x_0$ 的 n 次多项式

$$P_n(x) = a_0 + a_1(x - x_0) + a_2(x - x_0)^2 + \cdots + a_n(x - x_0)^n \tag{3-2}$$

来近似表达 $f(x)$,要求 $P_n(x)$ 与 $f(x)$ 之差是比 $(x - x_0)^n$ 高阶的无穷小,并给出误差 $|R_n(x)| = |f(x) - P_n(x)|$ 的具体表达式.

下面来讨论这个问题. 希望 $P_n(x)$ 在 x_0 处的函数值及它的直到 n 阶导数在 x_0 处的值依次与 $f(x_0), f'(x_0), f''(x_0), \cdots, f^{(n)}(x_0)$ 相等,即满足

$P_n(x_0) = a_0 + a_1(x - x_0) + a_2(x - x_0)^2 + \cdots + a_n(x - x_0)^n \big|_{x = x_0} = f(x_0),$

$P_n'(x_0) = a_1 + 2a_2(x - x_0) + \cdots + na_n(x - x_0)^{n-1} \big|_{x = x_0} = f'(x_0),$

$P_n''(x_0) = 2! \, a_2 + 3 \times 2 \times a_3(x - x_0) + \cdots + n(n-1)a_n(x - x_0)^{n-2} \big|_{x = x_0} = f''(x_0),$

$$P_n'''(x_0) = 3! \, a_3 + 4 \cdot 3 \cdot 2 a_4(x-x_0) + \cdots + n(n-1)(n-2)a_n(x-x_0)^{n-3}\Big|_{x=x_0} = f'''(x_0),$$

$$\vdots$$

$$P_n^{(n)}(x_0) = n! \, a_n \Big|_{x=x_0} = f^{(n)}(x_0).$$

于是有 $a_0 = f(x_0)$, $a_1 = f'(x_0)$, $2! \, a_2 = f''(x_0)$, $3! \, a_3 = f'''(x_0)$, $\cdots$, $n! \, a_n = f^{(n)}(x_0)$.

解得 $a_0 = f(x_0)$, $a_1 = f'(x_0)$, $a_2 = \dfrac{1}{2!} f''(x_0)$, $a_3 = \dfrac{1}{3!} f'''(x_0)$, $\cdots$, $a_n = \dfrac{1}{n!} f^{(n)}(x_0)$,

即 $a_k = \dfrac{1}{k!} f^{(k)}(x_0)$, $k = 0, 1, 2, \cdots, n$.

将上述系数 $a_0, a_1, a_2, a_3, \cdots, a_n$ 代入式（3-2）中，可得关于 $x - x_0$ 的 n 次多项式

$$P_n(x) = f(x_0) + f'(x_0)(x-x_0) + \frac{1}{2!} f''(x_0)(x-x_0)^2 + \cdots + \frac{1}{n!} f^{(n)}(x_0)(x-x_0)^n. \quad (3-3)$$

下面的定理表明，多项式（3-3）的确是所要找的 n 次多项式.

定理 3-6　泰勒中值定理　如果函数 $f(x)$ 在含有 x_0 的某个开区间 (a,b) 内具有直到 $(n+1)$ 阶导数，则当 x 在 (a,b) 内时，$f(x)$ 可以表示为 $x - x_0$ 的一个 n 次多项式与一个余项 $R_n(x)$ 之和，即

$$f(x) = f(x_0) + f'(x_0)(x-x_0) + \frac{1}{2!} f''(x_0)(x-x_0)^2 + \cdots + \frac{1}{n!} f^{(n)}(x_0)(x-x_0)^n + R_n(x),$$

$$(3-4)$$

其中 $R_n(x) = \dfrac{f^{(n+1)}(\xi)}{(n+1)!}(x-x_0)^{n+1}$ （$x_0 < \xi < x$）. $\quad (3-5)$

证　记 $R_n(x) = f(x) - P_n(x)$. 则只需证明 $R_n(x) = \dfrac{f^{(n+1)}(\xi)}{(n+1)!}(x-x_0)^{n+1}$ （$x_0 < \xi < x$）.

由假设，$R_n(x)$ 在 (a,b) 内具有直到 $(n+1)$ 阶导数，且

$$R_n(x_0) = R_n'(x_0) = R_n''(x_0) = \cdots = R_n^{(n)}(x_0) = 0,$$

函数 $R_n(x)$ 及 $(x-x_0)^{n+1}$ 在以 x_0 和 x 为端点的区间上满足柯西中值定理的条件，所以

$$\frac{R_n(x)}{(x-x_0)^{n+1}} = \frac{R_n(x) - R_n(x_0)}{(x-x_0)^{n+1} - 0} = \frac{R_n'(\xi_1)}{(n+1)(\xi_1 - x_0)^n} \quad (x_0 < \xi_1 < x),$$

函数 $R_n'(x)$ 及 $(n+1)(x-x_0)^n$ 在以 x_0 及 ξ_1 为端点的区间上满足柯西中值定理的条件，所以

$$\frac{R_n'(\xi_1)}{(n+1)(\xi_1 - x_0)^n} = \frac{R_n'(\xi_1) - R_n'(x_0)}{(n+1)(\xi_1 - x_0)^n - 0} = \frac{R_n''(\xi_2)}{n(n+1)(\xi_2 - x_0)^{n-1}} \quad (x_0 < \xi_2 < \xi_1),$$

照此方法继续做下去，经过 $(n+1)$ 次后，得

$$\frac{R_n(x)}{(x-x_0)^{n+1}} = \frac{R_n^{(n+1)}(\xi)}{(n+1)!} \quad (x_0 < \xi < \xi_n,\ 因而\ x_0 < \xi < x),$$

即 $R_n(x) = \dfrac{R_n^{(n+1)}(\xi)}{(n+1)!}(x-x_0)^{n+1}$.

因为 $P_n(x)$ 是 $x-x_0$ 的 n 次多项式，所以 $P_n^{(n+1)}(x) = 0$. 则

$$R_n^{(n+1)}(x) = f^{(n+1)}(x) - P_n^{(n+1)}(x) = f^{(n+1)}(x),$$

由此可得 $R_n(x) = \dfrac{f^{(n+1)}(\xi)}{(n+1)!}(x-x_0)^{n+1}$（$x_0 < \xi < x$）.

多项式（3-3）称为函数 $f(x)$ 按 $x-x_0$ 的幂展开的 n 次**泰勒多项式**，公式（3-4）称为 $f(x)$ 按 $x-x_0$ 的幂展开的 n 阶**泰勒公式**，而 $R_n(x)$ 的表达式（3-5）称为**拉格朗日型余项**.

当 $n=0$ 时，泰勒公式变成拉格朗日中值公式

$$f(x) = f(x_0) + f'(\xi)(x-x_0) \quad (x_0 < \xi < x).$$

因此，泰勒中值定理是拉格朗日中值定理的推广.

如果对于某个固定的 n，当 x 在区间 (a,b) 内变动时，$|f^{(n+1)}(x)|$ 总不超过一个正数 M，则有估计式

$$|R_n(x)| = \left|\dfrac{f^{(n+1)}(\xi)}{(n+1)!}(x-x_0)^{n+1}\right| \leqslant \dfrac{M}{(n+1)!}|x-x_0|^{n+1}, \tag{3-6}$$

以及 $\lim\limits_{x \to x_0} \dfrac{R_n(x)}{(x-x_0)^n} = 0$.

可见，当 $x \to a$ 时，误差 $|R_n(x)|$ 是比 $(x-x_0)^n$ 高阶的无穷小，即

$$R_n(x) = o((x-x_0)^n), \tag{3-7}$$

该余项称为**佩亚诺型余项**. 在不需要余项的精确表达式时，n 阶泰勒公式也可写成

$$f(x) = f(x_0) + f'(x_0)(x-x_0) + \dfrac{1}{2!}f''(x_0)(x-x_0)^2 + \cdots + \dfrac{1}{n!}f^{(n)}(x_0)(x-x_0)^n + o((x-x_0)^n). \tag{3-8}$$

当 $x_0 = 0$ 时的泰勒公式称为**麦克劳林公式**

$$f(x) = f(0) + f'(0)x + \dfrac{f''(0)}{2!}x^2 + \cdots + \dfrac{f^{(n)}(0)}{n!}x^n + R_n(x), \tag{3-9}$$

其中 $R_n(x) = \dfrac{f^{(n+1)}(\theta x)}{(n+1)!}x^{n+1}$ $(0 < \theta < 1)$.

带有佩亚诺型余项的麦克劳林公式为

$$f(x) = f(0) + f'(0)x + \dfrac{f''(0)}{2!}x^2 + \cdots + \dfrac{f^{(n)}(0)}{n!}x^n + o(x^n). \tag{3-10}$$

由式（3-9）或式（3-10）可得近似计算公式

$$f(x) \approx f(0) + f'(0)x + \dfrac{f''(0)}{2!}x^2 + \cdots + \dfrac{f^{(n)}(0)}{n!}x^n.$$

误差估计式（3-6）相应地变成

$$|R_n(x)| \leqslant \frac{M}{(n+1)!}|x|^{n+1}. \qquad (3-11)$$

例 3-18 写出函数 $f(x) = e^x$ 的带有拉格朗日型余项的 n 阶麦克劳林公式.

解 因为 $f'(x) = f''(x) = \cdots = f^{(n)}(x) = e^x$，所以 $f(0) = f'(0) = f''(0) = \cdots = f^{(n)}(0) = 1$. 把这些值代入公式（3-9）中得

$$e^x = 1 + x + \frac{x^2}{2!} + \cdots + \frac{x^n}{n!} + \frac{e^{\theta x}}{(n+1)!}x^{n+1} \quad (0 < \theta < 1).$$

由这个公式可知，若把 e^x 用它的 n 次泰勒多项式表达为 $e^x \approx 1 + x + \frac{x^2}{2!} + \cdots + \frac{x^n}{n!}$，

这时产生的估计误差：$|R_n(x)| = \left|\frac{e^{\theta x}}{(n+1)!}x^{n+1}\right| < \frac{e^{|x|}}{(n+1)!}x^{n+1} \quad (0 < \theta < 1)$.

取 $x = 1$，则得无理数 e 的近似式为 $e \approx 1 + 1 + \frac{1}{2!} + \cdots + \frac{1}{n!}$，其误差为 $|R_n| < \frac{e}{(n+1)!} < \frac{3}{(n+1)!}$.

例 3-19 求 $f(x) = \sin x$ 的 n 阶麦克劳林公式.

解 因为 $f^{(n)}(x) = \sin\left(x + n \cdot \frac{\pi}{2}\right)$，$n = 1, 2, \cdots$，所以

$$f(0) = 0, f'(0) = 1, f''(0) = 0, f'''(0) = -1, f^{(4)}(0) = 0, \cdots.$$

也就是说，它们顺序循环地取 4 个数：0，1，0，-1. 于是根据公式（3-9）得

$$\sin x = x - \frac{1}{3!}x^3 + \frac{1}{5!}x^5 + \cdots + \frac{(-1)^{m-1}}{(2m-1)!}x^{2m-1} + R_{2m}(x),$$

其中 $R_{2m}(x) = \dfrac{\sin\left[\theta x + (2m+1)\dfrac{\pi}{2}\right]}{(2m+1)!}x^{2m+1} = (-1)^m \dfrac{\cos\theta x}{(2m+1)!}x^{2m+1} \quad (0 < \theta < 1)$.

当 $m = 1, 2, 3$ 时，有近似公式 $\sin x \approx x$，$\sin x \approx x - \frac{1}{3!}x^3$，$\sin x \approx x - \frac{1}{3!}x^3 + \frac{1}{5!}x^5$.

类似地，还可以得到下列公式：

$$\cos x = 1 - \frac{x^2}{2!} + \frac{x^4}{4!} - \frac{x^6}{6!} + \cdots + (-1)^m \frac{x^{2m}}{(2m)!} + R_{2m+1}(x),$$

其中 $R_{2m+1}(x) = \dfrac{\cos[\theta x + (m+1)\pi]}{(2m+2)!}x^{2m+2} = (-1)^{m+1} \dfrac{\cos\theta x}{(2m+2)!}x^{2m+2} \quad (0 < \theta < 1)$.

$$\ln(1+x) = x - \frac{x^2}{2} + \frac{x^3}{3} - \cdots + (-1)^{n-1}\frac{x^n}{n} + R_n(x),$$

其中 $R_n(x) = \dfrac{(-1)^n}{(n+1)(1+\theta x)^{n+1}}x^{n+1} \quad (0 < \theta < 1)$.

$$(1+x)^{\alpha} = 1 + \alpha x + \frac{\alpha(\alpha-1)}{2!}x^2 + \cdots + \frac{\alpha(\alpha-1)\cdots(\alpha-n+1)}{n!}x^n + R_n(x),$$

其中 $R_n(x) = \dfrac{\alpha(\alpha-1)\cdots(\alpha-n+1)(\alpha-n)}{(n+1)!}(1+\theta x)^{\alpha-n-1}x^{n+1}$ $(0<\theta<1)$.

如果将上述公式中的拉格朗日型余项换成佩亚诺型余项，则可得相应的带有佩亚诺型余项的麦克劳林公式.

例 3-20 计算 $\lim\limits_{x\to 0}\dfrac{\mathrm{e}^{x^2}+2\cos x-3}{\sin^4 x}$.

解 分式中的分母 $\sin^4 x \sim x^4$ $(x\to 0)$，所以只需要将分子中的 e^{x^2} 和 $\cos x$ 分别用带有佩亚诺型余项的四阶麦克劳林公式表示，即 $\mathrm{e}^{x^2} = 1 + x^2 + \dfrac{1}{2!}x^4 + o(x^4)$，$\cos x = 1 - \dfrac{x^2}{2!} + \dfrac{x^4}{4!} + o(x^5)$，

所以 $\mathrm{e}^{x^2} + 2\cos x - 3 = \left(\dfrac{1}{2!} + 2\times\dfrac{1}{4!}\right)x^4 + o(x^4)$，从而

$$\lim_{x\to 0}\frac{\mathrm{e}^{x^2}+2\cos x-3}{\sin^4 x} = \lim_{x\to 0}\frac{\frac{7}{12}x^4 + o(x^4)}{x^4} = \frac{7}{12}.$$

3.4 函数的单调性与曲线的凹凸性

3.4.1 函数单调性的判定法

在 1.1 节中已经介绍了函数单调性的概念. 下面将利用导数对函数的单调性进行研究.

如果函数 $y = f(x)$ 在 $[a,b]$ 上单调增加（或单调减少），那么它的图形是一条沿 x 轴正向上升（或下降）的曲线. 这时如果曲线各点处的切线存在，如图 3-3 所示，各点处的曲线的斜率是非负的（非正的），即 $y' = f'(x) \geqslant 0$（或 $y' = f'(x) \leqslant 0$）. 由此可见，函数的单调性与导数的符号有密切的关系.

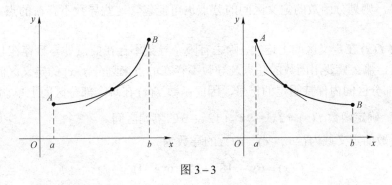

图 3-3

反过来，能否用导数的符号来判定函数的单调性呢？下面的定理将给出答案.

定理 3-7（函数单调性的判定法） 设函数 $y = f(x)$ 在 $[a,b]$ 上连续，在 (a,b) 内可导.

（1）如果在 (a,b) 内 $f'(x) > 0$，那么函数 $y = f(x)$ 在 $[a,b]$ 上单调增加；

（2）如果在 (a,b) 内 $f'(x) < 0$，那么函数 $y = f(x)$ 在 $[a,b]$ 上单调减少.

证 只证（1）[（2）可类似证得].

在 $[a,b]$ 上任取两点 $x_1, x_2 (x_1 < x_2)$，则 $f(x)$ 在 $[x_1, x_2]$ 上满足拉格朗日中值定理的条件，由拉格朗日中值定理，得到

$$f(x_2) - f(x_1) = f'(\xi)(x_2 - x_1) \quad (x_1 < \xi < x_2).$$

由于在上式中 $x_2 - x_1 > 0$，因此，如果在 (a,b) 内导数 $f'(x)$ 保持正号，即 $f'(x) > 0$，那么也有 $f'(\xi) > 0$，于是 $f(x_2) - f(x_1) = f'(\xi)(x_2 - x_1) > 0$，从而 $f(x_1) < f(x_2)$，因此，函数 $y = f(x)$ 在 $[a,b]$ 上单调增加.

例 3-21 判定函数 $y = x - \sin x$ 在 $[0, 2\pi]$ 上的单调性.

解 因为在 $(0, 2\pi)$ 内 $y' = 1 - \cos x > 0$，所以由判定法可知函数 $y = x - \sin x$ 在 $[0, 2\pi]$ 上单调增加.

例 3-22 讨论函数 $y = e^x - x - 1$ 的单调性.

解 函数的定义域为 $(-\infty, +\infty)$. $y' = e^x - 1$，令 $y' = 0$，得 $x = 0$，因为在 $(-\infty, 0)$ 内 $y' < 0$，所以函数 $y = e^x - x - 1$ 在 $(-\infty, 0]$ 上单调减少；又在 $(0, +\infty)$ 内 $y' > 0$，所以函数 $y = e^x - x - 1$ 在 $[0, +\infty)$ 上单调增加.

例 3-23 讨论函数 $y = \sqrt[3]{x^2}$ 的单调性.

解 函数的定义域为 $(-\infty, +\infty)$，而函数的导数为 $y' = \dfrac{2}{3\sqrt[3]{x}} (x \neq 0)$. 函数在 $x = 0$ 处不可导. 又因为当 $x < 0$ 时，$y' < 0$，所以函数在 $(-\infty, 0]$ 上单调减少；因为当 $x > 0$ 时，$y' > 0$，所以函数在 $[0, +\infty)$ 上单调增加.

注 在例 3-22 中，$x = 0$ 是函数 $y = e^x - x - 1$ 的单调递减区间和单调递增区间的分界点，在该点处 $y' = 0$. 在例 3-23 中，$x = 0$ 是函数 $y = \sqrt[3]{x^2}$ 的单调递减区间和单调递增区间的分界点，而在该点处导数不存在.

由例 3-22 可以看出，有的函数在定义区间上不是单调的，但是当用函数的驻点来划分定义区间后，就可以使函数在各个部分区间上单调. 从例 3-23 中可以看出，如果函数在某些点处不可导，则划分函数的定义区间的分点也可能包含这些导数不存在的点. 一般地，有以下结论：

如果函数 $f(x)$ 在定义区间上连续，除去有限个导数不存在的点外导数存在且在区间内只有有限个驻点，那么只要用函数的驻点及导数不存在的点来划分 $f(x)$ 的定义区间，就能保证 $f'(x)$ 在各个部分区间内保持固定的符号，因而函数 $f(x)$ 在每个部分区间上单调.

例 3-24 确定函数 $f(x) = 2x^3 - 9x^2 + 12x - 3$ 的单调区间.

解 该函数的定义域为 $(-\infty, +\infty)$. 函数的导数为

$$f'(x) = 6x^2 - 18x + 12 = 6(x-1)(x-2).$$

令 $f'(x) = 0$，得 $x_1 = 1$，$x_2 = 2$. 这两个驻点将定义域 $(-\infty, +\infty)$ 划分为 3 个部分区间 $(-\infty, 1]$、$[1, 2]$、$[2, +\infty)$. 接下来通过列表确定函数在各个部分区间上的单调性：

x	$(-\infty,1)$	1	$(1,2)$	2	$(2,+\infty)$
$f'(x)$	+	0	−	0	+
$f(x)$	↗	2	↘	1	↗

由上述列表，函数 $f(x)$ 在区间 $(-\infty,1]$ 和 $[2,+\infty)$ 上单调增加，在区间 $[1,2]$ 上单调减少.

例 3-25 讨论函数 $y = x^3$ 的单调性.

解 函数的定义域为 $(-\infty,+\infty)$. 函数的导数为：$y' = 3x^2$. 当 $x \neq 0$ 时，$y' > 0$，所以函数在定义域 $(-\infty,+\infty)$ 内是单调增加的. 函数 $y = x^3$ 在 $x = 0$ 处有一条水平切线.

说明 一般地，如果 $f'(x)$ 在某区间内的有限个点处为零，在其余各点处均为正（或负）时，那么 $f(x)$ 在该区间上仍旧是单调增加（或单调减少）的.

例 3-26 证明：当 $x > 1$ 时，$2\sqrt{x} > 3 - \dfrac{1}{x}$.

证 令 $f(x) = 2\sqrt{x} - \left(3 - \dfrac{1}{x}\right)$，则 $f'(x) = \dfrac{1}{\sqrt{x}} - \dfrac{1}{x^2} = \dfrac{1}{x^2}(x\sqrt{x} - 1)$，因为当 $x > 1$ 时，$f'(x) > 0$，因此，$f(x)$ 在 $[1,+\infty)$ 上单调增加，从而当 $x > 1$ 时，$f(x) > f(1)$，又由于 $f(1) = 0$，故 $f(x) > f(1) = 0$，即 $2\sqrt{x} - \left(3 - \dfrac{1}{x}\right) > 0$，也就是 $2\sqrt{x} > 3 - \dfrac{1}{x}$ $(x > 1)$.

3.4.2 曲线的凹凸性与拐点

上文研究了函数单调性的判别方法. 从几何上看到，函数的单调性就是曲线的上升或下降. 但是，曲线在上升或下降的过程中还有一个弯曲方向的问题. 例如，在图 3-4 中的曲线弧 $\overparen{ACB}$ 和 $\overparen{ADB}$，从左往右看，都是上升的，但又有明显的不同. 曲线弧 $\overparen{ACB}$ 是向上凸的，而曲线弧 $\overparen{ADB}$ 是向上凹的，也就是说二者的凹凸性不同. 下面就来研究曲线的凹凸性及其判定方法.

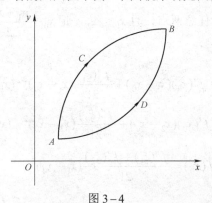

图 3-4

从几何直观上，在有的曲线弧上任取两点，则连接这两个点的弦总位于这两点间的弧段的上方（见图 3-5），这种曲线弧称为凹弧；而有的曲线弧恰好相反，连接这两个点的弦总位于这两点间的弧段的下方（见图 3-6），这种曲线弧称为凸弧. 曲线的这种性质就是曲线的凹凸性. 因此，曲线的凹凸性可以用连接曲线弧上任意两点的弦的中点与曲线弧上相应点（具有相同横坐标的点）的位置关系来描述，下面给出曲线凹凸性的定义.

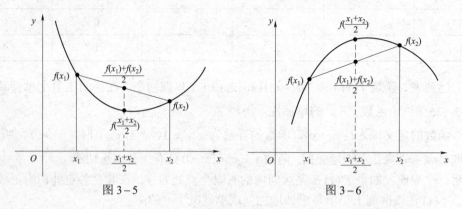

图 3-5　　　　　　　　　　图 3-6

1. 凹凸性的概念

定义 3-2　设 $f(x)$ 在区间 I 上连续，如果对 I 上任意两点 x_1，x_2，恒有

$$f\left(\frac{x_1+x_2}{2}\right) < \frac{f(x_1)+f(x_2)}{2},$$

那么称 $f(x)$ 在 I 上的图形是（向上）凹的（或凹弧）；如果恒有

$$f\left(\frac{x_1+x_2}{2}\right) > \frac{f(x_1)+f(x_2)}{2},$$

那么称 $f(x)$ 在 I 上的图形是（向上）凸的（或凸弧）.

2. 曲线凹凸性的判定

定理 3-8（函数凹凸性的判定法）　设 $f(x)$ 在 $[a,b]$ 上连续，在 (a,b) 内具有一阶和二阶导数，那么

（1）若在 (a,b) 内 $f''(x) > 0$，则 $f(x)$ 在 $[a,b]$ 上的图形是凹的（凹弧）；

（2）若在 (a,b) 内 $f''(x) < 0$，则 $f(x)$ 在 $[a,b]$ 上的图形是凸的（凸弧）.

证　设 x_1 和 x_2 为 $[a,b]$ 内任意两点，且 $x_1 < x_2$，记 $x_0 = \dfrac{x_1+x_2}{2}$.

由泰勒中值定理，得

$$f(x_1) = f(x_0) + f'(x_0)(x_1-x_0) + \frac{f''(\xi_1)}{2!}(x_1-x_0)^2 \quad (x_1 < \xi_1 < x_0),$$

$$f(x_2) = f(x_0) + f'(x_0)(x_2-x_0) + \frac{f''(\xi_2)}{2!}(x_2-x_0)^2 \quad (x_0 < \xi_2 < x_2),$$

两式相加得 $f(x_1) + f(x_2) - 2f(x_0) = \dfrac{f''(\xi_1) + f''(\xi_2)}{2!}(x_1-x_0)^2.$

若在 (a,b) 内 $f''(x) > 0$，则 $f(x_1) + f(x_2) - 2f(x_0) > 0$，即 $\dfrac{f(x_1)+f(x_2)}{2} > f\left(\dfrac{x_1+x_2}{2}\right)$，

所以 $f(x)$ 在 $[a,b]$ 上的图形是凹的.

若在 (a,b) 内 $f''(x) < 0$，则 $f(x_1) + f(x_2) - 2f(x_0) < 0$，即 $\dfrac{f(x_1)+f(x_2)}{2} < f\left(\dfrac{x_1+x_2}{2}\right)$，

所以 $f(x)$ 在 $[a,b]$ 上的图形是凸的.

定义 3-3 设 $y=f(x)$ 在区间 I 上连续，x_0 是它的内点. 如果曲线 $y=f(x)$ 在经过点 $(x_0,f(x_0))$ 时，曲线的凹凸性发生了改变，则称点 $(x_0,f(x_0))$ 为该曲线的**拐点**.

如何确定曲线 $y=f(x)$ 的拐点呢？

从凹凸性的判定定理中知道，由 $f''(x)$ 的符号可以判定曲线的凹凸性，因此，如果二阶导数 $f''(x)$ 在邻近 x_0 的左右两侧异号，那么点 $(x_0,f(x_0))$ 就是曲线的一个拐点. 所以，要寻找拐点，只要找出 $f''(x)$ 符号发生变化的分界点即可，也就是找出 $f'(x)$ 单调增减区间发生变化的分界点即可. 因此，如果 $f(x)$ 在区间 (a,b) 内具有二阶导数，那么在这样的分界点处必有 $f''(x)=0$；此外，$f(x)$ 的二阶导数不存在的点也可能是 $f''(x)$ 的符号发生变化的分界点. 综上分析，确定连续曲线 $y=f(x)$ 的凹凸区间和拐点的一般步骤如下.

（1）确定函数 $y=f(x)$ 的定义域；

（2）求出二阶导数 $f''(x)$；

（3）求出二阶导数为零的点和二阶导数不存在的点；

（4）利用（3）中求出的每一个点 x_0，将定义域分成若干个区间，通过判断 $f''(x)$ 在 x_0 左、右两侧邻近的符号，确定出曲线的凹凸区间和拐点（此步可通过列表进行判断）.

例 3-27 判断曲线 $y=x^3$ 的凹凸性.

解 $y'=3x^2$，$y''=6x$. 令 $y''=0$ 得 $x=0$.

当 $x<0$ 时，$y''<0$，所以曲线在 $(-\infty,0]$ 内为凸的；

当 $x>0$ 时，$y''>0$，所以曲线在 $[0,+\infty)$ 内为凹的.

例 3-28 求曲线 $y=3x^4-4x^3+1$ 的拐点及凹、凸区间.

解 （1）函数 $y=3x^4-4x^3+1$ 的定义域为 $(-\infty,+\infty)$；

（2）$y'=12x^3-12x^2$，$y''=36x^2-24x=36x\left(x-\dfrac{2}{3}\right)$；

（3）解方程 $y''=0$，得 $x_1=0$，$x_2=\dfrac{2}{3}$；

（4）列表判断.

x	$(-\infty,0)$	0	$\left(0,\dfrac{2}{3}\right)$	$\dfrac{2}{3}$	$\left(\dfrac{2}{3},+\infty\right)$
$f''(x)$	+	0	−	0	+
$f(x)$	凹	1	凸	$\dfrac{11}{27}$	凹

因此，在区间 $(-\infty,0]$ 和 $\left[\dfrac{2}{3},+\infty\right)$ 上曲线是凹的，在区间 $\left[0,\dfrac{2}{3}\right]$ 上曲线是凸的. 点 $(0,1)$ 和 $\left(\dfrac{2}{3},\dfrac{11}{27}\right)$ 是曲线的拐点.

例 3-29 问曲线 $y = x^4$ 是否有拐点?

解 $y' = 4x^3$,$y'' = 12x^2$. 当 $x \neq 0$ 时,$y'' > 0$,在区间 $(-\infty, +\infty)$ 内曲线是凹的,因此,曲线无拐点.

例 3-30 求曲线 $y = \sqrt[3]{x}$ 的拐点.

解 (1) 函数的定义域为 $(-\infty, +\infty)$;(2) $y' = \dfrac{1}{3\sqrt[3]{x^2}}$,$y'' = -\dfrac{2}{9x\sqrt[3]{x^2}}$;(3) 函数无二阶导数为零的点,二阶导数不存在的点为 $x = 0$;(4) 判断. 当 $x < 0$ 时,$y'' > 0$,所以曲线在 $(-\infty, 0]$ 上是凹的;当 $x > 0$ 时,$y'' < 0$,所以,曲线在 $[0, +\infty)$ 上是凸的. 因此,点 $(0, 0)$ 是曲线的拐点.

3.5 函数极值与最大值、最小值

3.5.1 函数的极值及其求法

定义 3-4 设函数 $f(x)$ 在 x_0 的某一邻域 $U(x_0)$ 内有定义,如果对于去心邻域 $\mathring{U}(x_0)$ 内的任一 x,有 $f(x) < f(x_0)$(或 $f(x) > f(x_0)$),则称 $f(x_0)$ 是函数 $f(x)$ 的一个**极大值**(或**极小值**),称 x_0 为函数 $f(x)$ 的一个**极大值点**(或**极小值点**).

函数的极大值与极小值统称为函数的**极值**,使函数取得极值的点称为**极值点**.

例如,$y = x^2$ 在 $x = 0$ 处取极小值 0;$y = |x|$ 在 $x = 0$ 处取极小值 0;$y = -x^2$ 在 $x = 0$ 处取极大值 0;$y = x^3$ 在 $x = 0$ 处没有极值.

注 ① 函数的极大值和极小值概念是局部性的. 如果 $f(x_0)$ 是函数 $f(x)$ 的一个极大值,那只是就 x_0 附近的一个局部范围来说,$f(x_0)$ 是 $f(x)$ 的一个最大值;如果就 $f(x)$ 的整个定义域来说,$f(x_0)$ 不一定是最大值. 对于极小值情况类似. 如图 3-7 所示,$f(x)$ 在 x_2 处取极大值 $f(x_2)$,但 $f(x_2)$ 不是 $f(x)$ 在闭区间 $[a, b]$ 上的最大值.

② 函数的极小值未必小于极大值. 如图 3-7 所示,$f(x)$ 在 x_2 处取极大值 $f(x_2)$,在 x_6 处取极小值 $f(x_6)$,但有 $f(x_2) < f(x_6)$.

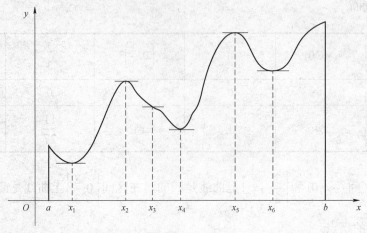

图 3-7

如果函数是可导的,则在函数取得极值处,曲线上的切线是水平的. 但曲线上有水平切线的地方,函数不一定取得极值. 下面讨论函数取得极值的条件.

由费马引理可得:

定理 3–9(必要条件) 设函数 $f(x)$ 在点 x_0 处可导,且在 x_0 处取得极值,那么函数在 x_0 处的导数为零,即 $f'(x_0)=0$.

定理 3–9 可叙述为:可导函数 $f(x)$ 的极值点必定是函数的驻点. 但是反过来,函数 $f(x)$ 的驻点却不一定是极值点.

例如,函数 $f(x)=x^3$ 在 $x=0$ 处的情况. 显然 $x=0$ 是函数 $f(x)=x^3$ 的驻点,但 $x=0$ 却不是函数 $f(x)=x^3$ 的极值点.

定理 3–10(第一充分条件) 设函数 $f(x)$ 在点 x_0 处连续,在 x_0 的某去心邻域 $\mathring{U}(x_0,\delta)$ 内可导.

(1)若 $x\in(x_0-\delta,x_0)$ 时,$f'(x)>0$,而 $x\in(x_0,x_0+\delta)$ 时,$f'(x)<0$,则函数 $f(x)$ 在 x_0 处取得极大值;

(2)若 $x\in(x_0-\delta,x_0)$ 时,$f'(x)<0$,而 $x\in(x_0,x_0+\delta)$ 时,$f'(x)>0$,则函数 $f(x)$ 在 x_0 处取得极小值;

(3)如果 $x\in\mathring{U}(x_0,\delta)$ 时,$f'(x)$ 不改变符号,则函数 $f(x)$ 在 x_0 处没有极值.

上述定理也可以叙述为:

定理 3–10′(第一充分条件) 设函数 $f(x)$ 在含 x_0 的区间 (a,b) 内连续,在 (a,x_0) 及 (x_0,b) 内可导.

(1)如果在 (a,x_0) 内 $f'(x)>0$,在 (x_0,b) 内 $f'(x)<0$,那么函数 $f(x)$ 在 x_0 处取得极大值;

(2)如果在 (a,x_0) 内 $f'(x)<0$,在 (x_0,b) 内 $f'(x)>0$,那么函数 $f(x)$ 在 x_0 处取得极小值;

(3)如果在 (a,x_0) 及 (x_0,b) 内 $f'(x)$ 的符号相同,那么函数 $f(x)$ 在 x_0 处没有极值.

定理 3–10 也可简单地叙述为:当 x 在 x_0 的邻近渐增地经过 x_0 时,如果 $f'(x)$ 的符号由正变负,那么 $f(x)$ 在 x_0 处取得极大值;如果 $f'(x)$ 的符号由负变正,那么 $f(x)$ 在 x_0 处取得极小值;如果 $f'(x)$ 的符号并不改变,那么 $f(x)$ 在 x_0 处没有极值.

确定函数 $y=f(x)$ 极值点和极值的一般步骤如下.

(1)求出导数 $f'(x)$.

(2)求出 $f(x)$ 的全部驻点和不可导点.

(3)考察 $f'(x)$ 的符号在每个驻点和不可导点的左右邻近的情况,根据定理 3–10 确定在这些点是否取得极值,如果取得极值是极大值还是极小值(此步可通过列表进行判断).

(4)确定函数的所有极值点和极值.

例 3–31 求出函数 $f(x)=x^3-3x^2-9x+5$ 的极值.

解 $f'(x)=3x^3-6x-9=3(x+1)(x-3)$.

令 $f'(x)=0$,得驻点 $x_1=-1,x_2=3$. 下面通过列表判断函数的极值.

x	$(-\infty,-1)$	-1	$(-1,3)$	3	$(3,+\infty)$
$f'(x)$	$+$	0	$-$	0	$+$
$f(x)$	↗	极大值	↘	极小值	↗

所以极大值为 $f(-1)=10$，极小值为 $f(3)=-22$．

例 3-32 求函数 $f(x)=(x-4)\sqrt[3]{(x+1)^2}$ 的极值．

解 显然函数 $f(x)$ 在 $(-\infty,+\infty)$ 内连续，除 $x=-1$ 外处处可导，且当 $x\neq -1$ 时，有

$$f'(x)=\frac{5(x-1)}{3\sqrt[3]{x+1}},$$

令 $f'(x)=0$，得驻点 $x=1$．下面列表判断函数的极值．

x	$(-\infty,-1)$	-1	$(-1,1)$	1	$(1,+\infty)$
$f'(x)$	$+$	不可导	$-$	0	$+$
$f(x)$	↗	0	↘	$-3\sqrt[3]{4}$	↗

所以极大值为 $f(-1)=0$，极小值为 $f(1)=-3\sqrt[3]{4}$．

如果 $f(x)$ 存在二阶导数且在驻点处的二阶导数不为零，则有：

定理 3-11（第二充分条件） 设函数 $f(x)$ 在点 x_0 处具有二阶导数且 $f'(x_0)=0$，$f''(x_0)\neq 0$，那么

（1）当 $f''(x_0)<0$ 时，函数 $f(x)$ 在 x_0 处取得极大值；

（2）当 $f''(x_0)>0$ 时，函数 $f(x)$ 在 x_0 处取得极小值．

证 对情形（1），由于 $f''(x_0)<0$，由二阶导数的定义有 $f''(x_0)=\lim\limits_{x\to x_0}\dfrac{f'(x)-f'(x_0)}{x-x_0}<0$．

根据函数极限的局部保号性，当 x 在 x_0 的足够小的去心邻域内时，$\dfrac{f'(x)-f'(x_0)}{x-x_0}<0$．

但 $f'(x_0)=0$，所以上式即为 $\dfrac{f'(x)}{x-x_0}<0$．

于是，对于去心邻域内的 x 来说，$f'(x)$ 与 $x-x_0$ 符号相反．因此，当 $x-x_0<0$ 即 $x<x_0$ 时，$f'(x_0)>0$；当 $x-x_0>0$，即 $x>x_0$ 时，$f'(x)<0$．根据定理 3-10，$f(x)$ 在 x_0 处取得极大值．

类似地可以证明情形（2）．

说明 如果函数 $f(x)$ 在驻点 x_0 处的二阶导数 $f''(x_0)\neq 0$，那么点 x_0 一定是极值点，并可以按 $f''(x_0)$ 的符号来判定 $f(x_0)$ 是极大值还是极小值．但如果 $f''(x_0)=0$，则定理 3-11 失效．例如，函数 $f(x_0)=x^4$，因为 $f'(x)=4x^3$，$f''(x)=12x^2$，所以 $f'(0)=0$，$f''(0)=0$．但当 $x<0$ 时，$f'(x)<0$，当 $x>0$ 时，$f'(x)>0$，所以 $f(0)$ 为极小值．对于函数 $g(x)=x^3$，因为 $g'(x)=3x^2$，$g''(x)=6x$，所以 $g'(0)=0$，$g''(0)=0$，而当 $x<0$ 时，$g'(x)>0$，当 $x>0$ 时，$g'(x)>0$，所以 $g(0)$ 不是极值．

例 3-33 求函数 $f(x) = x^3 + 3x^2 - 24x - 20$ 的极值.

解 $f'(x) = 3x^2 + 6x - 24 = 3(x+4)(x-2)$，$f''(x) = 6x + 6$.

令 $f'(x) = 0$，得驻点 $x_1 = -4$，$x_2 = 2$.

由于 $f''(-4) = -18 < 0$，所以极大值为 $f(-4) = 60$. 而 $f''(2) = 18 > 0$，所以极小值为 $f(2) = -48$.

注 当 $f''(x_0) = 0$ 时，$f(x)$ 在点 x_0 处不一定取得极值，此时仍用定理 3-10 进行判断. 此外，函数的不可导点也可能是函数的极值点.

例 3-34 求函数 $f(x) = 1 - (x-2)^{\frac{2}{3}}$ 的极值.

解 当 $x \neq 2$ 时，$f'(x) = -\frac{2}{3}(x-2)^{-\frac{1}{3}}$，当 $x = 2$ 时，函数 $f(x)$ 的导数不存在，且函数不存在导数为零的点，即没有驻点. 当 $x < 2$ 时，$f'(x) > 0$；当 $x > 2$ 时，$f'(x) < 0$. 所以 $f(2) = 1$ 为 $f(x)$ 的极大值.

3.5.2 最大值、最小值问题

在实际工作中，经常会遇到这类问题：在一定条件下，怎样使得"成本最低""用料最省""产量最大""利润最大"等问题. 这类问题在数学上都可以归结为求某一函数（通常称为目标函数）的最大值或最小值问题.

设函数 $f(x)$ 在闭区间 $[a,b]$ 上连续，则根据第 1 章中闭区间上连续函数的性质，函数 $f(x)$ 在闭区间 $[a,b]$ 上一定可以取到最大值和最小值. 函数的最大值和最小值有可能在区间的端点取得，如果不在区间的端点取得，则必在开区间 (a,b) 内取得，在这种情况下，函数的最大值一定是函数的极大值，函数的最小值一定是函数的极小值. 因此，函数在闭区间 $[a,b]$ 上的最大值一定是函数的所有极大值和函数在区间端点的函数值中的最大者. 同理，函数在闭区间 $[a,b]$ 上的最小值一定是函数的所有极小值和函数在区间端点的函数值中的最小者.

设 $f(x)$ 在闭区间 $[a,b]$ 上连续，在开区间 (a,b) 内除有限个点外可导，且有至多有限个驻点，则 $f(x)$ 在闭区间 $[a,b]$ 上的最大值和最小值的计算方法如下：

(1) 求出 $f(x)$ 在开区间 (a,b) 内所有的驻点和不可导点 $x_1, x_2, \cdots, x_n$；

(2) 计算 $f(x)$ 在所有驻点、不可导点和端点处的函数值

$$f(x_1), f(x_2), \cdots, f(x_n), f(a), f(b);$$

(3) 比较（2）中所有值的大小，其中最大的就是函数 $f(x)$ 在 $[a,b]$ 上的最大值，最小的就是函数 $f(x)$ 在 $[a,b]$ 上的最小值.

例 3-35 求函数 $y = 2x^3 + 3x^2 - 12x + 14$ 在 $[-3, 4]$ 上的最大值和最小值.

解 $f'(x) = 6x^2 + 6x - 12$，解方程 $f'(x) = 0$，得 $x_1 = -2, x_2 = 1$.

分别计算函数在驻点处和端点处的函数值

$$f(-3) = 23, \quad f(-2) = 34, \quad f(1) = 7, \quad f(4) = 142,$$

因此，函数 $y = 2x^3 + 3x^2 - 12x + 14$ 在 $[-3, 4]$ 上的最大值为 $f(4) = 142$，最小值为 $f(1) = 7$.

例 3-36 铁路线上 AB 段的距离为 100 km. 工厂 C 距 A 处为 20 km，AC 垂直于 AB（见

图 3-8）．为了运输需要，要在 AB 线上选定一点 D 向工厂修筑一条公路．已知铁路每千米货运的运费与公路上每千米货运的运费之比为3:5．为了使货物从供应站 B 运到工厂 C 的运费最省，问 D 点应选在何处？

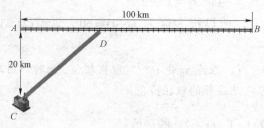

图 3-8

解 设 $AD=x$ km，则 $DB=(100-x)$ km，$CD=\sqrt{20^2+x^2}=\sqrt{400+x^2}$ km．

因为铁路每千米货运的运费与公路上每千米货运的运费之比为3:5，所以不妨假设铁路每千米货运的运费为 $3k$，公路每千米货运的运费为 $5k$（k 为某个正数）．设从 B 点到 C 点需要的总运费为 y，那么 $y=5k\cdot CD+3k\cdot DB=5k\sqrt{400+x^2}+3k(100-x)$ $(0\leqslant x\leqslant 100)$．

于是，问题归结为：x 在 $[0,100]$ 内取何值时目标函数 y 的值最小．

先求 y 对 x 的导数：$y'=k\left(\dfrac{5x}{\sqrt{400+x^2}}-3\right)$．然后解方程 $y'=0$，得 $x=15$ km．

由于 $y|_{x=0}=400k$，$y|_{x=15}=380k$，$y|_{x=100}=500k\sqrt{1+\dfrac{1}{5^2}}$，其中以 $y|_{x=15}=380k$ 为最小，因此，当 $AD=15$ km 时总运费最省．

说明 如果 $f(x)$ 在一个区间（有限或无限，开或闭）内可导且只有一个驻点 x_0，且该驻点 x_0 是函数 $f(x)$ 的极值点，那么当 $f(x_0)$ 是极大值时，$f(x_0)$ 就是该区间上的最大值；当 $f(x_0)$ 是极小值时，$f(x_0)$ 就是在该区间上的最小值．在实际应用中经常会遇到这种情形．

在实际问题中，往往根据问题的性质可以断定函数 $f(x)$ 确有最大值或最小值，而且最值一定在定义区间内部取得．这时如果 $f(x)$ 在定义区间内部只有一个驻点 x_0，那么不必讨论 $f(x_0)$ 是否是极值就可以断定 $f(x_0)$ 是要求的最大值或最小值．

例 3-37 把一根直径为 d 的圆木锯成截面为矩形的梁（见图 3-9）．问矩形截面的高 h 和宽 b 应如何选择才能使梁的抗弯截面模量 $W=\dfrac{1}{6}bh^2$ 最大？

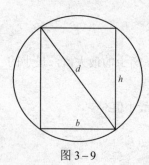

图 3-9

解 如图 3-9 所示，h 与 b 有下面的关系：$h^2=d^2-b^2$，因而

$$W=\dfrac{1}{6}b(d^2-b^2)=\dfrac{1}{6}(d^2b-b^3)\ (0<b<d).$$

于是问题转化为：当 b 等于多少时目标函数 W 取最大值？

为此，求 W 对 b 的导数，$W'=\dfrac{1}{6}(d^2-3b^2)$．解方程 $W'=0$，得驻点 $b=\sqrt{\dfrac{1}{3}}d$．

由于梁的最大抗弯截面模量一定存在，且在 $(0,d)$ 内部取得．现在函数 W 在 $(0,d)$ 内只有

一个驻点 $b = \sqrt{\dfrac{1}{3}} d$,所以当 $b = \sqrt{\dfrac{1}{3}} d$ 时,W 的值最大. 此时,$h^2 = d^2 - b^2 = d^2 - \dfrac{1}{3}d^2 = \dfrac{2}{3}d^2$,即 $h = \sqrt{\dfrac{2}{3}} d$. 亦即 $d:h:b = \sqrt{3}:\sqrt{2}:1$.

例 3-38 某房地产公司有 50 套公寓要出租,当租金定为每套公寓每月 1 800 元时,公寓会全部租出去. 当每套公寓每月租金增加 100 元时,就有一套公寓租不出去,而租出去的每套房子每月需花费 200 元的整修维护费. 试问租金定为多少该公司可获得最大收入?

解 设每套公寓每月租金为 $x(x \geqslant 1800)$ 元,则租出去的房子有 $50 - \dfrac{x-1800}{100}$ 套. 房地产公司每月总收入为 $R(x) = (x - 200)\left(50 - \dfrac{x-1800}{100}\right)$ 元($1800 \leqslant x \leqslant 6800$).

于是问题转化为:当 x 等于多少时目标函数 $R(x)$ 取最大值?

为此,求 $R(x)$ 对 x 的导数 $R'(x) = \left(50 - \dfrac{x-1800}{100}\right) + (x-200)\left(-\dfrac{1}{100}\right) = 70 - \dfrac{x}{50}$.

令 $R'(x) = 0$,解得 $x = 3500$.

由于最大收入一定存在,且在区间 [1 800, 6 800] 内取得;现在函数 R 在 [1 800, 6 800] 内只有一个驻点 $x = 3500$,且 $R''(3500) = -\dfrac{1}{50} < 0$,所以当租金定为每套每月 3 500 元时,房地产公司每月收入 R 的值最大.

此时,该公司的最大收入为 $R(x) = (3500 - 200)\left(50 - \dfrac{3500 - 1800}{100}\right) = 108\,900$(元).

3.6 知 识 拓 展

3.6.1 函数的单调区间(极值)和凹凸区间(拐点)的求解拓展

球层介质的速度反演

拐点法(古登堡法),这个方法是利用走时曲线的拐点与从震源处水平方向射出的射线相对应,据此可求出震源处的波速.

球层介质中的 Snell 定律有:$\dfrac{r_h \sin i_h}{v_h} = \dfrac{r \sin i}{v} = p$,

其中 h 代表震源处的参数,$r_h = R - h$,$v_h = v(r_h)$ 都是常数.

从震源向不同方向射出的射线,i_h 值不同,相应的射线参数 p 也不同,当 $i_h = 90°$ 时,$\dfrac{r_h \sin i_h}{v_h}$ 达到极大值,即射线参数也达到极大值 $p_{\max} = \dfrac{r_h}{v_h}$,因此,有

$$\left.\dfrac{dp}{d\Delta}\right|_{i_h = \frac{\pi}{2}} = 0.$$

根据球层介质中的 Bendorff 定律,$p = \dfrac{dt}{d\Delta}$,有 $\left.\dfrac{d^2 t}{d\Delta^2}\right|_{i_h = \frac{\pi}{2}} = 0$.

而 $\dfrac{d^2 t}{d\Delta^2}=0$ 对应于走时曲线的拐点. 因此，走时曲线的拐点与从震源处水平射出的射线相对应. 这样，只要求得某地震的震源深度及由观察分析归纳得到其走时曲线，找出走时曲线的拐点，并确定该点的走时曲线的斜率 $\left(\dfrac{dt}{d\Delta}\right)_M$，则 $\dfrac{r_h \sin i_h}{v_h}=p=\left(\dfrac{dt}{d\Delta}\right)_M$，而对应的 M 点有 $i_h=\dfrac{\pi}{2}$，因此，有

$$v_h=\dfrac{r_h}{\left(\dfrac{dt}{d\Delta}\right)_M}=\dfrac{R-h}{R\left(\dfrac{dt}{Rd\Delta}\right)_M}=\dfrac{R-h}{R}\bar{v}_M,$$

式中：h——震源深度；

$\bar{v}_M$——走时曲线拐点 M 点的视速度；

R——地球半径.

3.6.2 函数的最值拓展

频率和波长的最值

角频率 ω 的表达式为

$$\omega=\dfrac{1}{H\sqrt{\dfrac{1}{\beta_1^2}-\dfrac{1}{c^2}}}\left(\arctan\dfrac{\mu_2\sqrt{\dfrac{1}{c^2}-\dfrac{1}{\beta_2^2}}}{\mu_1\sqrt{\dfrac{1}{\beta_1^2}-\dfrac{1}{c^2}}}+n\pi\right),n=0,1,2,\cdots, \quad (3-12)$$

由于波数 $k_x=\dfrac{\omega}{c}$，将式（3-12）两边除以 c 得到波数的表达式，并考虑 $k_x=\dfrac{2\pi}{\Lambda}$，可以得到

$$\Lambda=\dfrac{2\pi H c\sqrt{\dfrac{1}{\beta_1^2}-\dfrac{1}{c^2}}}{\arctan\dfrac{\mu_2\sqrt{\dfrac{1}{c^2}-\dfrac{1}{\beta_2^2}}}{\mu_1\sqrt{\dfrac{1}{\beta_1^2}-\dfrac{1}{c^2}}}+n\pi},n=0,1,2\cdots, \quad (3-13)$$

对 n 阶 Love 波，当 $c=\beta_2$ 时，代入式（3-12），得到频率的最小值为

$$\omega_c=\dfrac{n\pi}{H\sqrt{\dfrac{1}{\beta_1^2}-\dfrac{1}{\beta_2^2}}},$$

代入式（3-13）得到波长的最大值为 $\Lambda_c=\dfrac{2H\sqrt{\dfrac{\beta_2^2}{\beta_1^2}-1}}{n}$.

这就是 n 阶 Love 波的最低频率和最长波长，称之为截止频率（cut off frequency）；当 $c=\beta_1$

时，根据式（3-12），$\omega \to \infty$，因此，所有振型的高频端没有截止频率.

3.6.3 单调性和极值点拓展

速度陡变带的射线路径

当地震射线进入到陡的速度梯度层时，x 开始随 p 的减小而减小. 一旦射线穿透陡的速度梯度层，回到比较浅的、梯度比较低的层上来，x 重新随 p 的减小而增大. 在 $x(p)$ 曲线上，焦散点是固定的.

如果地球里速度突然快速变化，$\dfrac{\mathrm{d}x}{\mathrm{d}p}>0$，射线本身出现反向回转. 当 $\dfrac{\mathrm{d}x}{\mathrm{d}p}>0$ 时，称该走时曲线是逆行的. 从顺行到逆行，再回到顺行，走时曲线出现 3 次往返（见图 3-10 与图 3-11）. 这 3 次往返的端点叫作**焦散点**. 这些点是 $\dfrac{\mathrm{d}x}{\mathrm{d}p}=0$ 的点. 由于不同离源角的射线在同一距离到达，因此，在这些点出现了能量的集中. 通过引入折合走时进行分析，可以对 3 次往返作出解释（见图 3-12 与图 3-13）.

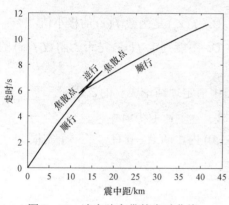

图 3-10 速度陡变带的走时曲线

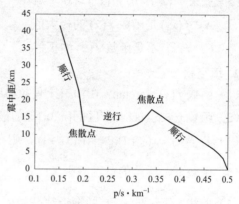

图 3-11 速度陡变带的 p 和震中距的关系

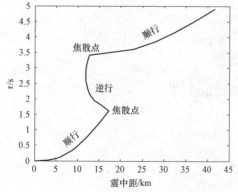

图 3-12 速度陡变带的震中距和折合走时的关系
顺行的一支有向上凹的 $\tau(p)$ 曲线

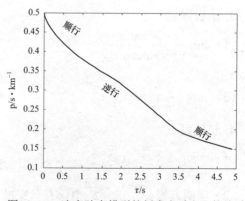

图 3-13 速度陡变模型的折合走时和 p 的关系
逆行的一支有向下凹的 $\tau(p)$ 曲线

本 章 习 题

1. 选择题

（1）下列函数在$[-1,1]$上满足罗尔定理条件的是_____．

　　A. $y = e^x$　　　　B. $y = \ln|x|$　　　　C. $y = 1 - x^2$　　　　D. $y = \dfrac{1}{1-x^2}$

（2）下列函数在$[0,3]$上满足拉格朗日中值定理条件的是_____．

　　A. $f(x) = \tan x$　　B. $\sqrt{4-x^2}$　　C. $f(x) = \ln x$　　D. $f(x) = e^{x+3}$

（3）曲线$y = (x-1)^3$的拐点是_____．

　　A. $(-1,8)$　　　B. $(1,0)$　　　C. $(0,-1)$　　　D. $(2,1)$

（4）已知$f'(x_0) = 0$，则可导函数$f(x)$在$x = x_0$处_____．

　　A. 必取得极大值　　B. 必取得极小值　　C. 必取得极值　　D. 无法判断

（5）如果$f'(x_0) = 0, f''(x_0) > 0$，则_____．

　　A. $f(x_0)$是函数$f(x)$的极大值　　　　　　B. $f(x_0)$是函数$f(x)$的极小值

　　C. $f(x_0)$不是函数$f(x)$的极值　　　　　　D. 不能判定$f(x_0)$是否为函数$f(x)$的极值

2. 填空题

（1）函数$f(x) = \arctan x$在$[0,1]$上使拉格朗日中值定理结论成立的ξ是_____．

（2）函数$y = x - \cos x$在区间$[\pi, 3\pi]$上的最大值_____，最小值_____．

（3）若$f(x) = x(x+1)(2x+1)(3x-1)$，则在$(-1,0)$内，$f'(x) = 0$有_____个实根．

（4）函数$y = x + \dfrac{4}{x}$的单调减少区间是_____．

（5）曲线$f(x) = \ln(x-1)$的渐近线是_____．

（6）曲线$y = \dfrac{x^3}{x+2}$的铅直渐近线为_____．

3. 求极限

（1）$\lim\limits_{x \to 0} \dfrac{x - \arcsin x}{x \sin x \arctan x}$；

（2）计算$\lim\limits_{x \to 0}\left(\dfrac{1}{x} - \dfrac{1}{e^x - 1}\right)$；

（3）$\lim\limits_{x \to +\infty}\left(\dfrac{2}{\pi}\arctan x\right)^x$；

（4）计算$\lim\limits_{x \to 0}\left(\dfrac{\sin x}{x}\right)^{\frac{1}{x}}$．

4. 证明题

（1）证明：当$x > 0$时，$x - \dfrac{x^2}{2} < \ln(1+x) < x$．

（2）证明方程$e^{x-1} + x - 2 = 0$仅有一实根．

（3）设函数$f(x)$在$[-a,a]$上连续，在$(-a,a)$内可导，且$f(-a) = f(a), a > 0$．试证明在$(-a,a)$内至少存在一点ξ，使得$f'(\xi) = 2\xi f(\xi)$．

第4章 不定积分

4.1 不定积分的概念与性质

4.1.1 原函数的概念

定义 4-1 设 $f(x)$ 在区间 I 上有定义，如果存在可导函数 $F(x)$，使得对 $\forall x \in I$ 有
$$F'(x) = f(x),$$
那么，称 $F(x)$ 为 $f(x)$ 在区间 I 上的一个原函数.

例 4-1 （1）因为在 $(-\infty, +\infty)$ 上有 $\left(\dfrac{1}{2}x^2 + x + 4\right)' = x + 1$，所以 $\dfrac{1}{2}x^2 + x + 4$ 是 $x+1$ 在 $(-\infty, +\infty)$ 上的一个原函数；

（2）因为在 $(-\infty, +\infty)$ 上有 $(\sin x)' = \cos x$，所以 $\sin x$ 是 $\cos x$ 在 $(-\infty, +\infty)$ 上的一个原函数. 不难看出 $\sin x + 2$ 也是 $\cos x$ 的原函数，更一般地，$\sin x + C$（其中 C 是任意常数）依然是 $\cos x$ 的原函数.

定理 4-1（原函数存在定理） 如果函数 $f(x)$ 在区间 I 上连续，则 $f(x)$ 在区间 I 上的原函数一定存在.

注 ① 如果函数 $f(x)$ 在区间 I 上有原函数 $F(x)$，那么 $f(x)$ 就有无限多个原函数，$F(x) + C$ 都是 $f(x)$ 的原函数，其中 C 是任意常数.

② $f(x)$ 的任意两个原函数之间只差一个常数，即如果 $\Phi(x)$ 和 $F(x)$ 都是 $f(x)$ 的原函数，则 $\Phi(x) - F(x) = C$.

4.1.2 不定积分的概念

根据上述的讨论，如果 $F(x)$ 是 $f(x)$ 在区间 I 上的一个原函数，那么 $F(x) + C$（C 为任意常数）就包含了 $f(x)$ 在区间 I 上的所有原函数. 就像用 $f'(x)$ 或 $\dfrac{\mathrm{d}f}{\mathrm{d}x}$ 表示函数 $f(x)$ 的导数一样，需要引进一个符号，从而产生了不定积分的概念.

定义 4-2 如果 $f(x)$ 在区间 I 上存在原函数，那么，$f(x)$ 在区间 I 上的全体原函数记为
$$\int f(x) \mathrm{d}x,$$
即
$$\int f(x) \mathrm{d}x = F(x) + C,$$
其中：$\int$ 称为积分号，$f(x)$ 称为被积函数，x 称为积分变量，$f(x)\mathrm{d}x$ 称为被积表达式.

注 $\int f(x) \mathrm{d}x = F(x) + C$ 表示 $f(x)$ 在区间 I 上的所有原函数，因此，等式中的积分常数

是不可疏漏的.

为了叙述上的方便,今后在讨论不定积分时,不再指明它的积分区间,除特别声明外,所讨论的积分 $\int f(x)dx$ 都是在 $f(x)$ 的连续区间内讨论的.

例 4-2 (1) 求 $\int \sin x dx$;(2) 求 $\int x^{\alpha} dx (\alpha \neq -1)$;(3) 求 $\int e^{2x} dx$.

解 (1) 因为 $(-\cos x)' = \sin x$,所以 $\int \sin x dx = -\cos x + C$;

(2) 因为 $\left(\dfrac{1}{1+\alpha} x^{\alpha+1}\right)' = x^{\alpha}$,所以 $\int x^{\alpha} dx = \dfrac{1}{1+\alpha} x^{\alpha+1} + C$;

(3) 因为 $(e^{2x})' = 2e^{2x}$,所以 $\int e^{2x} dx = \dfrac{1}{2} e^{2x} + C$.

例 4-3 已知一曲线经过(1,3)点,并且曲线上任一点的切线的斜率等于该点横坐标的两倍,求该曲线方程.

解 设所求方程为 $y = F(x)$,由已知可得 $F'(x) = 2x$,于是 $F(x) = \int 2x dx = x^2 + C$.

根据条件曲线过(1,3)点,有 $F(1) = 3$,解得 $C = 2$,即得所求曲线方程为 $y = x^2 + 2$.

由不定积分的定义,有下述关系:

$$\dfrac{d}{dx}\left(\int f(x)\,dx\right) = f(x) \quad \text{或} \quad d\int f(x)\,dx = f(x)dx,$$

$$\int F'(x)dx = F(x) + C \quad \text{或} \quad \int dF(x) = F(x) + C.$$

这表明对某区间内的一个函数 $f(x)$ 先求不定积分,而后再求导数,则还原为原来的函数 $f(x)$;对某区间内的一个函数 $F(x)$ 先求导数,然后再求不定积分,则还原为原来的函数 $F(x)$ 加上一个常数 C,不难看出不定积分与求导(或微分)是互为"高级"的逆运算.

4.1.3 基本积分表

由不定积分的概念可知,不定积分运算可以看作求导数的逆运算,因此,利用导数的基本公式就可以得到不定积分的基本公式:

(1) $\int k dx = kx + C$ ($k \neq 0$ 是常数);

(2) $\int x^k dx = \dfrac{x^{k+1}}{k+1} + C$ ($k \neq -1$);   (3) $\int \dfrac{1}{x} dx = \ln|x| + C, (x \neq 0)$;

(4) $\int \sin x dx = -\cos x + C$;   (5) $\int \cos x dx = \sin x + C$;

(6) $\int a^x dx = \dfrac{a^x}{\ln a} + C$;   (7) $\int e^x dx = e^x + C$;

(8) $\int \dfrac{1}{1+x^2} dx = \arctan x + C$ 或 $\int \dfrac{1}{1+x^2} dx = -\text{arccot}\, x + C$;

(9) $\int \dfrac{1}{\sqrt{1-x^2}} dx = \arcsin x + C$ 或 $\int \dfrac{1}{\sqrt{1-x^2}} dx = -\arccos x + C$;

（10）$\int \sec^2 x \, dx = \tan x + C$；　　　　（11）$\int \csc^2 x \, dx = -\cot x + C$；

（12）$\int \sec x \tan x \, dx = \sec x + C$；　　（13）$\int \csc x \cot x \, dx = -\csc x + C$.

4.1.4 不定积分的基本性质

性质 4-1 设函数 $f(x)$ 及 $g(x)$ 的原函数都存在，则 $\int [f(x)+g(x)] \, dx = \int f(x) \, dx + \int g(x) \, dx$.

性质 4-2 设函数 $f(x)$ 的原函数存在，k 为非零常数，则 $\int k f(x) \, dx = k \int f(x) \, dx$.

当然，上述等式都是在各个积分存在的前提下成立的. 被积函数通过适当的恒等变形可转化为直接利用基本积分表及不定积分的运算性质求不定积分的情形，这种求不定积分的方法称为直接积分法或逐项积分法.

例 4-4 计算 $\int (\sin x + x^3 - e^x) \, dx$.

解 利用多个函数线性组合的不定积分等于各函数不定积分相应的线性组合之性质有

$$\int (\sin x + x^3 - e^x) \, dx = \int \sin x \, dx + \int x^3 \, dx - \int e^x \, dx = -\cos x + \frac{1}{4} x^4 - e^x + C.$$

例 4-5 计算 $\int (1+x)^2 \, dx$.

解 这个积分直接在积分表中是找不着的，把被积函数用二项式展开后不难发现，它是幂函数的线性组合，于是

$$\int (1+x)^2 \, dx = \int (x^2 + 2x + 1) \, dx = \frac{1}{3} x^3 + x^2 + x + C.$$

例 4-6 计算 $\int (5^x + \tan^2 x) \, dx$.

解 注意到 $1 + \tan^2 x = \sec^2 x$，于是

$$\int (5^x + \tan^2 x) \, dx = \int 5^x \, dx + \int (\sec^2 x - 1) \, dx = \frac{1}{\ln 5} 5^x + \tan x - x + C.$$

例 4-7 计算 $\int \cos^2 \frac{x}{2} \, dx$.

解 注意到 $\cos x = 2\cos^2 \frac{x}{2} - 1$，于是

$$\int \cos^2 \frac{x}{2} \, dx = \int \frac{1 + \cos x}{2} \, dx = \frac{1}{2} \int dx + \frac{1}{2} \int \cos x \, dx + \frac{1}{2} x + \frac{1}{2} \sin x + C.$$

这些基本变换方法只有通过加强练习才能得以掌握和运用，只有在练习过程当中多进行归纳和总结，才能提高自己解决问题的能力，才能寻求出适合自己的解题方法.

4.2 换元积分法

4.2.1 第一换元法

由于一阶微分形式不变性，无论 u 是中间变量，还是自变量，$dF(u) = F'(u) \, du$ 这个等式

永远成立. 如果 $u = \varphi(x)$ 可微, 那么
$$\mathrm{d}F(u) = F'(u)\mathrm{d}u = F'(\varphi(x))\mathrm{d}\varphi(x) = F'(\varphi(x))\varphi'(x)\mathrm{d}x.$$

定理 4-2 设 $F(u)$ 是 $f(u)$ 的一个原函数, 且 $u = \varphi(x)$ 可导, 那么 $F(\varphi(x))$ 是 $f(\varphi(x))\varphi'(x)$ 的原函数, 即有换元公式
$$\int f(\varphi(x))\varphi'(x)\mathrm{d}x = \left[\int f(u)\mathrm{d}u\right]_{u=\varphi(x)} = [F(u) + C]_{u=\varphi(x)} = F(\varphi(x)) + C.$$

如何应用定理中的换元积分公式求不定积分呢？如果要计算的积分不易计算, 且被积函数可以写为 $f[\varphi(x)]\varphi'(x)$ 的形式, 那么就可以用上面的公式转化为函数 $f(u)$ 的积分尝试进行求解.
$$\int g(x)\mathrm{d}x = \int f(\varphi(x))\,\mathrm{d}\varphi(x) \xlongequal{\varphi(x)=u} \int f(u)\,\mathrm{d}u,$$

这样, 函数 $g(x)$ 的积分即转化为函数 $f(u)$ 的积分. 如果能求出 $f(u)$ 的原函数, 那么也就得到了 $g(x)$ 的原函数.

下面以具体的示例来说明如何应用第一换元积分法.

例 4-8 计算 $\int (3+x)^{100}\mathrm{d}x$.

解 如果注意到了 $\mathrm{d}(x+3) = \mathrm{d}x$ 的微分性质, 问题就很好办了, 只要令 $u = x + 3$, 就有
$$\int (3+x)^{100}\mathrm{d}x = \int (3+x)^{100}\mathrm{d}(3+x) = \int u^{100}\mathrm{d}u = \frac{1}{101}u^{101} + C = \frac{1}{101}(3+x)^{101} + C.$$

例 4-9 计算 $\int e^{3x}\mathrm{d}x$.

解 注意到 $\mathrm{d}x = \frac{1}{3}\mathrm{d}(3x)$, 于是令 $u = 3x$, 有
$$\int e^{3x}\mathrm{d}x = \int \frac{1}{3}e^{3x}\mathrm{d}(3x) = \frac{1}{3}\int e^u \mathrm{d}u = \frac{1}{3}e^u + C = \frac{1}{3}e^{3x} + C.$$

例 4-10 计算 $\int xe^{x^2}\mathrm{d}x$.

解 注意到 $x\mathrm{d}x = \frac{1}{2}\mathrm{d}(x^2)$, 这种情况下, 令 $u = x^2$, 有
$$\int xe^{x^2}\mathrm{d}x = \int \frac{1}{2}e^{x^2}\mathrm{d}x^2 = \frac{1}{2}\int e^u\mathrm{d}u = \frac{1}{2}e^u + C = \frac{1}{2}e^{x^2} + C.$$

例 4-11 计算 $\int \tan x\mathrm{d}x$.

解 由于 $\tan x = \frac{\sin x}{\cos x}$, 而 $\sin x\mathrm{d}x = -\mathrm{d}\cos x$, 令 $u = \cos x$, 有
$$\int \tan x\mathrm{d}x = \int \frac{\sin x}{\cos x}\mathrm{d}x = \int \frac{-1}{\cos x}\mathrm{d}\cos x = -\int \frac{1}{u}\mathrm{d}u = -\ln|u| + C = -\ln|\cos x| + C.$$

用同样的方法可求出
$$\int \cot x\mathrm{d}x = \int \frac{\cos x}{\sin x}\mathrm{d}x = \int \frac{1}{\sin x}\mathrm{d}\sin x = \ln|\sin x| + C.$$

例 4 – 12 计算 $\int \dfrac{1}{a^2 - x^2} \mathrm{d}x \quad (a \neq 0)$.

解 由于 $\dfrac{1}{a^2 - x^2} = \dfrac{1}{(a-x)(a+x)} = \dfrac{1}{2a}\left(\dfrac{1}{a-x} + \dfrac{1}{a+x}\right)$，所以

$$\int \dfrac{1}{a^2 - x^2} \mathrm{d}x = \dfrac{1}{2a}\left(\int \dfrac{1}{a-x} \mathrm{d}x + \int \dfrac{1}{a+x} \mathrm{d}x\right)$$

$$= \dfrac{1}{2a}\int \dfrac{-1}{a-x} \mathrm{d}(a-x) + \dfrac{1}{2a}\int \dfrac{1}{a+x} \mathrm{d}(a+x)$$

$$= \dfrac{-1}{2a}\ln|a-x| + \dfrac{1}{2a}\ln|a+x| + C = \dfrac{1}{2a}\ln\left|\dfrac{a+x}{a-x}\right| + C.$$

例 4 – 13 计算 $\int \dfrac{1}{a^2 + x^2} \mathrm{d}x \quad (a \neq 0)$.

解 $\int \dfrac{1}{a^2 + x^2} \mathrm{d}x = \int \dfrac{1}{a^2}\dfrac{1}{1+\left(\dfrac{x}{a}\right)^2} \mathrm{d}x = \dfrac{1}{a}\int \dfrac{1}{1+\left(\dfrac{x}{a}\right)^2} \mathrm{d}\left(\dfrac{x}{a}\right) = \dfrac{1}{a}\arctan\dfrac{x}{a} + C.$

例 4 – 14 计算 $\int \dfrac{1}{\sqrt{a^2 - x^2}} \mathrm{d}x \ (a > 0)$.

解 $\int \dfrac{1}{\sqrt{a^2 - x^2}} \mathrm{d}x = \int \dfrac{1}{a}\dfrac{1}{\sqrt{1-\left(\dfrac{x}{a}\right)^2}} \mathrm{d}x = \int \dfrac{1}{\sqrt{1-\left(\dfrac{x}{a}\right)^2}} \mathrm{d}\left(\dfrac{x}{a}\right) = \arcsin\left(\dfrac{x}{a}\right) + C.$

例 4 – 15 计算 $\int \dfrac{1}{x\ln x} \mathrm{d}x$.

解 在这个问题中，注意到 $(\ln x)' = \dfrac{1}{x}$ 或 $\dfrac{1}{x}\mathrm{d}x = \mathrm{d}\ln x$ 的话，问题就不难解决了. 即

$$\int \dfrac{1}{x\ln x} \mathrm{d}x = \int \dfrac{1}{\ln x} \mathrm{d}\ln x = \ln|\ln x| + C.$$

例 4 – 16 计算 $\int \sin^2 x \mathrm{d}x$.

解 由于 $\sin^2 x = \dfrac{1 - \cos 2x}{2}$，那么

$$\int \sin^2 x \mathrm{d}x = \int \dfrac{1 - \cos 2x}{2} \mathrm{d}x = \dfrac{1}{2}\int \mathrm{d}x - \dfrac{1}{2}\int \cos 2x \mathrm{d}x.$$

$$= \dfrac{1}{2}x - \dfrac{1}{4}\int \cos 2x \mathrm{d}(2x) = \dfrac{x}{2} - \dfrac{1}{4}\sin 2x + C.$$

例 4 – 17 计算 $\int \sec x \mathrm{d}x$.

解 因为 $\sec x = \dfrac{\cos x}{\cos^2 x} = \dfrac{\sin' x}{1 - \sin^2 x}$，所以 $\int \sec x \mathrm{d}x = \int \dfrac{\sin' x}{1 - \sin^2 x} \mathrm{d}x = \int \dfrac{1}{1 - \sin^2 x} \mathrm{d}(\sin x)$，

到这时不难用例 4-12 的方法求得结论.

$$\int \sec x \, dx = \int \frac{1}{1-\sin^2 x} d\sin x = \frac{1}{2}\ln\left|\frac{1+\sin x}{1-\sin x}\right| + C$$

$$= \frac{1}{2}\ln\left|\frac{(1+\sin x)^2}{1-\sin^2 x}\right| + C = \ln|\sec x + \tan x| + C.$$

不定积分第一换元积分法是积分计算的一种常用的方法，但是它的技巧性相当强，这不仅要求熟练掌握积分的基本公式，还要有一定的分析能力，要熟悉许多微分公式. 下面给出一些常用的凑微分类型：

(1) $\int f(ax+b) \, dx = \frac{1}{a}\int f(ax+b) d(ax+b) \quad (a \neq 0)$；

(2) $\int f(ax^n+b) \cdot x^{n-1} dx = \frac{1}{an}\int f(ax^n+b) d(ax^n+b) \quad (a \neq 0, n \geq 1)$；

(3) $\int f(\sqrt{x}) \cdot \frac{1}{\sqrt{x}} dx = 2\int f(\sqrt{x}) d(\sqrt{x})$；

(4) $\int f\left(\frac{1}{x}\right) \cdot \frac{1}{x^2} dx = -\int f\left(\frac{1}{x}\right) d\frac{1}{x}$；

(5) $\int f(e^x) \cdot e^x dx = \int f(e^x) d(e^x)$；

(6) $\int f(\ln x) \cdot \frac{1}{x} dx = \int f(\ln x) d(\ln x)$；

(7) $\int f(\sin x) \cdot \cos x \, dx = \int f(\sin x) d(\sin x)$；

(8) $\int f(\cos x) \cdot \sin x \, dx = -\int f(\cos x) d(\cos x)$；

(9) $\int f(\tan x) \cdot \sec^2 x \, dx = \int f(\tan x) \cdot \frac{1}{\cos^2 x} dx = \int f(\tan x) d(\tan x)$；

(10) $\int f(\cot x) \cdot \csc^2 x \, dx = \int f(\cot x) \cdot \frac{1}{\sin^2 x} dx = -\int f(\cot x) d(\cot x)$；

(11) $\int f(\sec x) \cdot \tan x \sec x \, dx = \int f(\sec x) d(\sec x)$；

(12) $\int f(\csc x) \cdot \cot x \csc x \, dx = -\int f(\csc x) d(\csc x)$；

(13) $\int f(\arcsin x) \frac{dx}{\sqrt{1-x^2}} = \int f(\arcsin x) d(\arcsin x)$；

(14) $\int f(\arctan x) \frac{dx}{1+x^2} = \int f(\arctan x) d(\arctan x)$.

4.2.2 第二换元法

定理 4-3 设 $x = \psi(t)$ 是单调的可导函数，且 $\psi'(t) \neq 0$，又设 $f(\psi(t))\psi'(t)$ 具有原函数 $\Phi(t)$，则 $\Phi(\psi^{-1}(x))$ 是 $f(x)$ 的原函数，即有换元公式

$$\int f(x)\mathrm{d}x = \left[\int f(\psi(t))\psi'(t)\mathrm{d}t\right]_{t=\psi^{-1}(x)} = [\Phi(t)+C]_{t=\psi^{-1}(x)} = \Phi(\psi^{-1}(x))+C,$$

其中 $\psi^{-1}(x)$ 是 $x=\psi(t)$ 的反函数.

注 在第二换元积分法的解中,最后需要求出 $x=\psi(t)$ 的反函数 $t=\psi^{-1}(x)$,再代回.

从形式上来看,第二换元积分法是第一换元积分法倒过来使用,即

$$\int f(\varphi(x))\varphi'(x)\mathrm{d}x = \left[\int f(u)\mathrm{d}u\right]_{u=\varphi(x)},$$

用右边求左边就是第一换元积分法;反之,用左边求右边就是第二换元积分法.

例 4-18 计算 $\int \sqrt{a^2-x^2}\mathrm{d}x \ (a>0)$.

解 令 $x=a\sin t \left(\dfrac{-\pi}{2}<t<\dfrac{\pi}{2}\right)$,那么,$\mathrm{d}x = \mathrm{d}a\sin t = a\cos t\mathrm{d}t$,所以有

$$\int \sqrt{a^2-x^2}\mathrm{d}x = \int \sqrt{a^2-a^2\sin^2 t}\, a\cos t\mathrm{d}t = a^2 \int \cos^2 t\mathrm{d}t$$

$$= a^2 \int \frac{1+\cos 2t}{2}\mathrm{d}t = \frac{a^2}{2}t + \frac{a^2}{4}\sin 2t + C,$$

因为 $\sin t = \dfrac{x}{a}$, $\cos t = \sqrt{1-\sin^2 x} = \dfrac{\sqrt{a^2-x^2}}{a}$,$\sin 2t = 2\sin t\cos t = \dfrac{2}{a^2}x\sqrt{a^2-x^2}$,所以

$$\int \sqrt{a^2-x^2}\,\mathrm{d}x = \frac{a^2}{2}\arcsin\frac{x}{a} + \frac{x}{2}\sqrt{a^2-x^2} + C.$$

例 4-19 计算 $\int \dfrac{\mathrm{d}x}{\sqrt{a^2+x^2}} \ (a>0)$.

解 注意到 $1+\tan^2 x = \sec^2 x$,于是令 $x=a\tan t \left(\dfrac{-\pi}{2}<t<\dfrac{\pi}{2}\right)$,代入原式有

$$\int \frac{1}{\sqrt{a^2+x^2}}\mathrm{d}x = \int \frac{1}{\sqrt{a^2+a^2\tan^2 t}}\mathrm{d}a\tan t = \int \frac{1}{a\sec t}a\sec^2 t\,\mathrm{d}t = \int \sec t\,\mathrm{d}t,$$

用例 4-17 的结论 $\int \dfrac{1}{\sqrt{a^2+x^2}}\mathrm{d}x = \int \sec t\mathrm{d}t = \ln|\sec t + \tan t| + C_1$.

由于 $\tan t = \dfrac{x}{a}$,$\sec t = \sqrt{1+\tan^2 x} = \dfrac{\sqrt{a^2+x^2}}{a}$,代入化简得

$$\int \frac{1}{\sqrt{a^2+x^2}}\mathrm{d}x = \int \sec t\,\mathrm{d}t = \ln|\sec t + \tan t| + C = \ln\left|x+\sqrt{x^2+a^2}\right| + C \ (C=C_1-\ln a).$$

把上述计算方法归纳一下有:当被积函数形如 $f(x,\sqrt{a^2-x^2})$ 时,可考虑令 $x=a\sin t \left(-\dfrac{\pi}{2}<t<\dfrac{\pi}{2}\right)$(或 $a\cos t$)代入原式后进行计算;当被积函数形如 $f(x,\sqrt{a^2+x^2})$ 时,可考虑令 $x=a\tan t \left(-\dfrac{\pi}{2}<t<\dfrac{\pi}{2}\right)$(或 $a\cot t$)代入原式后进行计算.

除三角代换,还有其他代换,如倒代换、根式代换,用它们可消去被积函数分母中的变

量因子.

例 4-20 计算 $\int \dfrac{\mathrm{d}x}{x(x^7+2)}$.

解 令 $x = \dfrac{1}{t}$，则 $\mathrm{d}x = -\dfrac{1}{t^2}\mathrm{d}t$，

$$\int \dfrac{\mathrm{d}x}{x(x^7+2)} = \int \dfrac{t}{\dfrac{1}{t^7}+2}\left(-\dfrac{1}{t^2}\right)\mathrm{d}t = -\int \dfrac{t^6}{1+2t^7}\mathrm{d}t = -\dfrac{1}{14}\int \dfrac{\mathrm{d}(1+2t^7)}{1+2t^7}$$

$$= -\dfrac{1}{14}\ln|1+2t^7| + C = -\dfrac{1}{14}\ln|2+x^7| + \dfrac{1}{2}\ln|x| + C.$$

例 4-21 计算 $\int x\sqrt{x-2}\,\mathrm{d}x$.

解 设 $t = \sqrt{x-2}$，则 $x = t^2+2$，$\mathrm{d}x = 2t\,\mathrm{d}t$，于是

$$\int x\sqrt{x-2}\,\mathrm{d}x = \int (t^2+2)t \cdot 2t\,\mathrm{d}t = 2\int (t^4+2t^2)\,\mathrm{d}t = 2\left(\dfrac{1}{5}t^5 + \dfrac{2}{3}t^3\right) + C$$

$$= \dfrac{2}{5}(x-2)^{\frac{5}{2}} + \dfrac{4}{3}(x-2)^{\frac{3}{2}} + C.$$

通过前面的计算，得到了一些基本积分公式，为了便于今后的应用，建议记住以下公式:

(1) $\int \mathrm{sh}\,x\,\mathrm{d}x = \mathrm{ch}\,x + C$;   (2) $\int \mathrm{ch}\,x\,\mathrm{d}x = \mathrm{sh}\,x + C$;

(3) $\int \tan x\,\mathrm{d}x = -\ln|\cos x| + C$;   (4) $\int \cot x\,\mathrm{d}x = \ln|\sin x| + C$;

(5) $\int \sec x\,\mathrm{d}x = \ln|\sec x + \tan x| + C$;   (6) $\int \csc x\,\mathrm{d}x = \ln|\csc x - \cot x| + C$;

(7) $\int \dfrac{1}{a^2+x^2}\,\mathrm{d}x = \dfrac{1}{a}\arctan \dfrac{x}{a} + C$;   (8) $\int \dfrac{1}{x^2-a^2}\,\mathrm{d}x = \dfrac{1}{2a}\ln\left|\dfrac{x-a}{x+a}\right| + C$;

(9) $\int \dfrac{1}{\sqrt{a^2-x^2}}\,\mathrm{d}x = \arcsin \dfrac{x}{a} + C$;   (10) $\int \dfrac{1}{\sqrt{x^2+a^2}}\,\mathrm{d}x = \ln\left|x + \sqrt{x^2+a^2}\right| + C$;

(11) $\int \dfrac{1}{\sqrt{x^2-a^2}}\,\mathrm{d}x = \ln\left|x + \sqrt{x^2-a^2}\right| + C$.

例 4-22 计算 $\int \dfrac{x+1}{x^2+x+1}\,\mathrm{d}x$.

解
$$\int \dfrac{x+1}{x^2+x+1}\,\mathrm{d}x = \int \dfrac{\dfrac{1}{2}(2x+1)+\dfrac{1}{2}}{x^2+x+1}\,\mathrm{d}x = \dfrac{1}{2}\int \dfrac{2x+1}{x^2+x+1}\,\mathrm{d}x + \dfrac{1}{2}\int \dfrac{\mathrm{d}x}{x^2+x+1}$$

$$= \dfrac{1}{2}\int \dfrac{\mathrm{d}(x^2+x+1)}{x^2+x+1} + \dfrac{1}{2}\int \dfrac{\mathrm{d}\left(x+\dfrac{1}{2}\right)}{\left(x+\dfrac{1}{2}\right)^2 + \left(\dfrac{\sqrt{3}}{2}\right)^2}$$

$$= \dfrac{1}{2}\ln(x^2+x+1) + \dfrac{1}{\sqrt{3}}\arctan \dfrac{2x+1}{\sqrt{3}} + C.$$

例 4-23 计算 $\int \dfrac{2x^3+2x^2+5x+5}{x^4+5x^2+4}dx$.

解 法一
$$\int \dfrac{2x^3+2x^2+5x+5}{x^4+5x^2+4}dx = \int \dfrac{2x^3+5x}{x^4+5x^2+4}dx + \int \dfrac{2x^2+5}{x^4+5x^2+4}dx$$
$$= \dfrac{1}{2}\int \dfrac{d(x^4+5x^2+4)}{x^4+5x^2+4} + \int \dfrac{x^2+1+x^2+4}{(x^2+1)(x^2+4)}dx$$
$$= \dfrac{1}{2}\ln|x^4+5x^2+4| + \int \dfrac{dx}{x^2+4} + \int \dfrac{dx}{x^2+1}$$
$$= \dfrac{1}{2}\ln|x^4+5x^2+4| + \arctan x + \dfrac{1}{2}\arctan \dfrac{x}{2} + C.$$

法二 设 $\dfrac{2x^3+2x^2+5x+5}{(x^2+1)(x^2+4)} = \dfrac{Ax+B}{x^2+1} + \dfrac{Cx+D}{x^2+4}$，通分得

$$2x^3+2x^2+5x+5 = (Ax+B)(x^2+4) + (Cx+D)(x^2+1),$$

比较 x 同次幂的系数得 $A+C=2$，$B+D=2$，$4A+C=5$，$4B+D=5$，解得 $A=1$，$B=1$，$C=1$，$D=1$. 故

$$\int \dfrac{2x^3+2x^2+5x+5}{x^4+5x^2+4}dx = \int \dfrac{x+1}{x^2+1}dx + \int \dfrac{x+1}{x^2+4}dx$$
$$= \dfrac{1}{2}\ln|x^2+1| + \dfrac{1}{2}\ln|x^2+4| + \arctan x + \dfrac{1}{2}\arctan \dfrac{x}{2} + C$$
$$= \dfrac{1}{2}\ln|x^4+5x^2+4| + \arctan x + \dfrac{1}{2}\arctan \dfrac{x}{2} + C.$$

4.3 分部积分法

设 $u=u(x)$，$v=v(x)$ 都是可微函数，且具有连续的导函数 $u'(x)$，$v'(x)$，根据乘积函数的微分（或求导）公式，有 $[u(x)v(x)]' = u'(x)v(x) + u(x)v'(x)$. 移项，得

$$u(x)v'(x) = [u(x)v(x)]' - u'(x)v(x).$$

两边积分，得

$$\int u(x)v'(x)dx = u(x)v(x) - \int u'(x)v(x)dx,\ \ 即 \int uv'dx = uv - \int vu'dx.$$

也可为

$$\int u(x)dv(x) = u(x)v(x) - \int v(x)du(x),\ \ 即 \int u\,dv = uv - \int v\,du.$$

注 选取 u, dv 的一般原则：（1）v 要容易求得；（2）积分 $\int v\,du$ 要比积分 $\int u\,dv$ 容易积出.

在积分计算中常常会遇到积分 $\int u\,dv$ 很难计算，而把"微分符号"里外的两个函数 u、v 互换一下位置之后，积分就可能变得非常简单了. 例如，直接计算 $\int x\,de^x$ 是没有好办法的，当把 x 和 e^x 互换位置之后，得到的积分是 $\int e^x dx$，这个积分的计算就变得非常简单了. 应用分部积分法求积分，就是要达到上述目的，经过函数换位，达到简化积分的目的.

下面通过具体的实例,说明分部积分法的一般处理原则.

例 4-24 计算 $\int xe^x dx$.

解 $\int xe^x dx = \int x de^x = xe^x - \int e^x dx = xe^x - e^x + C$.

在上面这个例题中,如果采用另一种变换方法,选择把 x 放到微分符号里面去,就有:

$$\int xe^x dx = \int e^x d\left(\frac{1}{2}x^2\right) = \frac{1}{2}x^2 e^x - \frac{1}{2}\int x^2 de^x = \frac{1}{2}x^2 e^x - \frac{1}{2}\int x^2 e^x dx.$$

这样做,非但没有解决问题,反而使得积分式比原来的积分式更复杂了. 按这样的选择方式进行下去,是解决不了问题的. 这个事实说明,合理选择一个函数,在微分意义下放到微分符号里面去,是用分部积分法解决计算问题的关键.

例 4-25 计算 $\int x^2 e^x dx$.

解 $\int x^2 e^x dx = \int x^2 de^x = x^2 e^x - \int e^x dx^2 = x^2 e^x - 2\int xe^x dx = x^2 e^x - 2\int x de^x$
$= x^2 e^x - 2(xe^x - e^x) + C$.

这个例子说明,有的情况下,需要连续使用分部积分法,在使用过程中,每次两个函数交换位置之后,先要求出微分符号里面的函数的微分,然后再一次设法用分部积分法. 当然,这时要把另一个函数(原来在微分符号外面的函数)按微分意义放入到微分符号里面去.

例 4-26 计算 $\int x\sin 3x dx$.

解 $\int x\sin 3x dx = \int x d\left(-\frac{1}{3}\cos 3x\right) = -\frac{x}{3}\cos 3x + \frac{1}{3}\int \cos 3x dx = -\frac{x}{3}\cos 3x + \frac{1}{9}\sin 3x + C$.

例 4-27 计算 $\int \ln x\, dx$.

解 $\int \ln x\, dx = x\ln x - \int x d(\ln x) = x\ln x - \int x\frac{1}{x}dx = x\ln x - \int dx = x\ln x - x + C$.

例 4-28 计算 $\int e^{ax}\sin bx dx$.

解 $\int e^{ax}\sin bx dx = \int \sin bx d\left(\frac{1}{a}e^{ax}\right) = \frac{1}{a}e^{ax}\sin bx - \frac{1}{a}\int e^{ax}d(\sin bx)$
$= \frac{1}{a}e^{ax}\sin bx - \frac{b}{a}\int e^{ax}\cos bx dx = \frac{1}{a}e^{ax}\sin bx - \frac{b}{a^2}\int \cos bx d(e^{ax})$
$= \frac{1}{a}e^{ax}\sin bx - \frac{b}{a^2}e^{ax}\cos bx + \frac{b}{a^2}\int e^{ax}d(\cos bx)$
$= \frac{1}{a}e^{ax}\sin bx - \frac{b}{a^2}e^{ax}\cos bx - \frac{b^2}{a^2}\int e^{ax}\sin bx dx$,

所以
$$\int e^{ax}\sin bx dx = e^{ax}\left(\frac{a}{a^2+b^2}\sin bx - \frac{b}{a^2+b^2}\cos bx\right) + C.$$

不定积分的计算技巧性非常强,可选择的解决途径有时会很多,究竟选择何种途径,就要看对问题的分析能力了,如果在平时练习的时候,把能想到的方法都去试一试,都动手算一算，解决问题的能力自然能够得到提高.

例 4-29 计算 $\int e^{\sqrt{3x+2}} dx$.

解 令 $\sqrt{3x+2} = t$，则 $x = \dfrac{t^2-2}{3}$，所以 $dx = \dfrac{2}{3} t dt$，代入原式得

$$\int e^{\sqrt{3x+2}} dx = \frac{2}{3} \int t e^t dt,$$

再用分部积分法可得

$$\int e^{\sqrt{3x+2}} dx = \frac{2}{3} \int t e^t dt = \frac{2}{3} \int t d(e^t) = \frac{2}{3} t e^t - \frac{2}{3} \int e^t dt$$

$$= \frac{2}{3} t e^t - \frac{2}{3} e^t + C$$

$$= \frac{2}{3} \left(\sqrt{3x+2} - 1 \right) e^{\sqrt{3x+2}} + C.$$

上述例子表明，在有的情况下，换元积分方法与分部积分法要结合起来使用. 如果方法应用得当，就能比较顺利地解决问题.

本 章 习 题

1. 选择题

（1）若 $f(x)$ 在 (a,b) 内连续，则在 (a,b) 内 $f(x)$（　　）.

    A. 必有导函数   B. 必有原函数   C. 必有界   D. 必有极限

（2）已知函数 $(x+1)^2$ 为 $f(x)$ 的一个原函数，则下列函数中（　　）是 $f(x)$ 的原函数.

    A. $x^2 - 1$ B. $x^2 + 1$ C. $x^2 - 2x$ D. $x^2 + 2x$

（3）若函数 $f(x)$ 的一个原函数为 $\ln x$，则一阶导数 $f'(x) = $（　　）.

    A. $\dfrac{1}{x}$ B. $-\dfrac{1}{x^2}$ C. $\ln x$ D. $x \ln x$

（4）如果 $F(x)$ 是 $f(x)$ 的一个原函数，c 为不等于 0 且不等于 1 的其他任意常数，那么（　　）也必是 $f(x)$ 的原函数.

    A. $cF(x)$ B. $F(cx)$ C. $F\left(\dfrac{x}{c}\right)$ D. $c + F(x)$

（5）下列等式不成立的是（　　）.

    A. $e^x dx = d(e^x)$ B. $-\sin x dx = d(\cos x)$

    C. $\dfrac{1}{2\sqrt{x}} dx = d\sqrt{x}$ D. $\ln x dx = d\left(\dfrac{1}{x}\right)$

（6）设 $f(x) = e^{-x}$，则 $\int \dfrac{f(\ln x)}{x} dx = $（　　）.

    A. $\dfrac{1}{x} + C$ B. $\ln x + C$ C. $-\dfrac{1}{x} + C$ D. $-\ln x + C$

(7) 已知函数 $f(x)$ 在 $(-\infty,+\infty)$ 内可导，且恒有 $f'(x)=0$，又有 $f(-1)=1$，则函数 $f(x)=$ （　　）.

  A. $+1$ B. -1 C. 0 D. x

(8) $\int x\mathrm{e}^{-x^2}\mathrm{d}x=$ （　　）.

  A. $\mathrm{e}^{-x}+C$ B. $\dfrac{1}{2}\mathrm{e}^{-x^2}+C$ C. $-\dfrac{1}{2}\mathrm{e}^{-x^2}+C$ D. $-\mathrm{e}^{-x^2}+C$

(9) $\int \dfrac{2}{1+(2x)^2}\mathrm{d}x=$ （　　）.

  A. $\arctan 2x + C$ B. $\arctan 2x$
  C. $\arcsin 2x$ D. $\arcsin 2x + C$

2. 选择题

(1) 若 $f'(x)$ 存在且连续，则 $\left[\int \mathrm{d}f(x)\right]'=$ ＿＿＿＿＿.

(2) $\int (1-\sin^2\dfrac{x}{2})\mathrm{d}x=$ ＿＿＿＿＿.

(3) $\int (10^x+3\sin x-\sqrt{x})\mathrm{d}x=$ ＿＿＿＿＿.

(4) 已知一阶导数 $\left(\int f(x)\mathrm{d}x\right)'=\sqrt{1+x^2}$，则 $f'(1)=$ ＿＿＿＿＿.

(5) 设 $\int f(x)\mathrm{d}x=\dfrac{1}{x^2}+c$，则 $\int \dfrac{f(\mathrm{e}^{-x})}{\mathrm{e}^x}\mathrm{d}x=$ ＿＿＿＿＿.

3. 计算题

(1) $\int \dfrac{x^2-4}{x+2}\mathrm{d}x$；   (2) $\int \dfrac{\mathrm{d}x}{x^2(1+x^2)}$；   (3) $\int \dfrac{2^{\sqrt{x}}\mathrm{d}x}{\sqrt{x}}$；

(4) $\int (x+1)\ln x\,\mathrm{d}x$； (5) $\int \dfrac{\mathrm{d}x}{\sqrt[6]{x^5}+\sqrt{x}}$； (6) $\int \dfrac{\mathrm{d}x}{x^2+5x+4}$；

(7) $\int x^3\mathrm{e}^{x^2}\mathrm{d}x$；   (8) $\int \dfrac{\mathrm{d}x}{(\arcsin x)^2\sqrt{1-x^2}}$； (9) $\int \dfrac{5x-1}{x^2-x-2}\mathrm{d}x$.

4. 设曲线通过点 $(1,2)$，且其上任一点处的切线斜率等于这点横坐标的两倍，求此曲线的方程.

第5章 定积分

5.1 定积分的概念与性质

5.1.1 定积分的概念

定义 5-1 设函数 $y=f(x)$ 在区间 $[a,b]$ 上有界，在 (a,b) 中任意插入 $n-1$ 个分点
$$a=x_0<x_1<x_2<\cdots<x_{i-1}<x_i<\cdots<x_{n-1}<x_n=b,$$
把 $[a,b]$ 分成 n 个小区间 $[x_0,x_1],[x_1,x_2],\cdots,[x_{i-1},x_i],\cdots,[x_{n-1},x_n]$，各个小区间的长度为 $\Delta x_i = x_i - x_{i-1}(i=1,2,\cdots,n)$. 在每个小区间 $[x_{i-1},x_i]$ 上任取一点 $\xi_i(x_{i-1}\leqslant \xi_i \leqslant x_i)$，作乘积 $f(\xi_i)\Delta x_i(i=1,2,\cdots,n)$，并作和 $S=\sum_{i=1}^n f(\xi_i)\Delta x_i$，记 $\lambda=\max\{\Delta x_1, \Delta x_2, \cdots, \Delta x_n\}$. 如果对区间 $[a,b]$ 的任意分法及小区间 $[x_{i-1}, x_i]$ 上点 ξ_i 的任意取法，只要当 $\lambda \to 0$ 时，和 S 总趋于确定的极限 I，则称此极限值为函数 $f(x)$ 在区间 $[a,b]$ 上的定积分. 记作 $\int_a^b f(x)\,\mathrm{d}x$，即

$$\int_a^b f(x)\,\mathrm{d}x = I = \lim_{\lambda \to 0}\sum_{i=1}^n f(\xi_i)\Delta x_i,$$

其中 $f(x)$ 称为被积函数，$f(x)\mathrm{d}x$ 称为被积表达式，x 称为积分变量，a 称为积分下限，b 称为积分上限，$[a,b]$ 称为积分区间.

注 ① 定积分 $\int_a^b f(x)\,\mathrm{d}x$ 是和式的极限，定积分的 "$\varepsilon-\delta$" 式定义为：设有常数 I，如果对于任意给定的正数 ε，总存在一个正数 δ，使得对区间 $[a,b]$ 任意分法及小区间 $[x_{i-1},x_i]$ 上点 ξ_i 任意取法，只要 $\lambda<\delta$ 时，总有 $\left|\sum_{i=1}^n f(\xi_i)\Delta x_i - I\right|<\varepsilon$ 成立，则称 I 是函数 $f(x)$ 在区间 $[a,b]$ 上的定积分，记作 $\int_a^b f(x)\,\mathrm{d}x$.

② 区间 $[a,b]$ 划分的细密程度不能仅由分点个数的多少或 n 的大小来确定. 因为尽管 n 很大，每一个子区间的长却不一定都很小. 所以在求和式的极限时，必须要求最大子区间的长度 $\lambda \to 0$，这时当然 $n\to\infty$.

③ 区间 $[a,b]$ 划分是任意的，对于不同的划分，将有不同的和数 $S=\sum_{i=1}^n f(\xi_i)\Delta x_i$，即使对同一个划分，由于 ξ_i 可在 $[x_{i-1},x_i]$ 上任意选取，也将产生无数多个和数 S. 定义要求，无论区间 $[a,b]$ 怎样划分，ξ_i 在 $[x_{i-1},x_i]$ 上怎样选取，当 $\lambda \to 0$ 时，所有和 S 都趋于同一个极限. 这

时，才说定积分存在.

④ 由定义可知，对于 $[a,b]$ 上的无界函数 $f(x)$，和数 S 显然不趋于有限的极限. 因为把 $[a,b]$ 任意划分成 n 个子区间后，$f(x)$ 至少在某一个子区间 $[x_{i-1}, x_i]$ 上仍旧无界. 于是适当选取 ξ_i，可使 $f(\xi_i)$ 的绝对值任意地大，也就是可使 S 的绝对值 $|S|$ 任意大. 由此可知，函数 $f(x)$ 在 $[a,b]$ 上的定积分存在（也称函数 $f(x)$ 在区间 $[a,b]$ 上可积）的必要条件是 $f(x)$ 在 $[a,b]$ 上有界.

⑤ 当函数 $f(x)$ 在 $[a,b]$ 上的定积分 $\int_a^b f(x) \mathrm{d}x$ 存在时，它的值仅与被积函数及积分区间有关，而与积分变量的记号无关，即有

$$\int_a^b f(x) \mathrm{d}x = \int_a^b f(t) \mathrm{d}t = \cdots = \int_a^b f(u) \mathrm{d}u.$$

⑥ 在定积分 $\int_a^b f(x) \mathrm{d}x$ 的定义中，总是假设 $a < b$，为了今后使用方便起见，对于 $a = b$，$a > b$ 的情形作以下规定：

当 $a = b$ 时，$\int_a^b f(x) \mathrm{d}x = 0$；

当 $a > b$ 时，$\int_a^b f(x) \mathrm{d}x = -\int_b^a f(x) \mathrm{d}x.$

由定义可知：

（1）曲边梯形的面积：由连续曲线 $y = f(x) \geq 0$，直线 $x = a$，$x = b$ 及 x 轴所围成的曲边梯形的面积为

$$A = \lim_{\lambda \to 0} \sum_{i=1}^n f(\xi_i) \Delta x_i = \int_a^b f(x) \mathrm{d}x.$$

（2）变速直线运动的路程：设某物体做直线运动，已知速度 $v = v(t)$ 是时间间隔 $[T_1, T_2]$ 上时间 t 的连续函数，且 $v(t) \geq 0$，则在这段时间内物体所经过的路程为

$$s = \lim_{\lambda \to 0} \sum_{i=1}^n v(\tau_i) \Delta t_i = \int_{T_1}^{T_2} v(t) \mathrm{d}t.$$

关于 $f(x)$ 在 $[a,b]$ 上可积的充分条件，给出以下两个结论：

定理 5-1 设函数 $f(x)$ 在区间 $[a,b]$ 上连续，则 $f(x)$ 在 $[a,b]$ 上可积.

定理 5-2 设函数 $f(x)$ 在区间 $[a,b]$ 上有界，且只有有限个间断点，则 $f(x)$ 在 $[a,b]$ 上可积.

定积分的几何意义：如果在区间 $[a,b]$ 上 $f(x) \geq 0$，几何上定积分 $\int_a^b f(x) \mathrm{d}x$ 就表示由曲线 $y = f(x)$，直线 $x = a$，$x = b$ 及 x 轴所围成的曲边梯形的面积；如果在 $[a,b]$ 上 $f(x)$ 既可取正值又可取负值，函数 $f(x)$ 的图形某些部分在 x 轴上方，而其他部分在 x 轴下方，此时定积分 $\int_a^b f(x) \mathrm{d}x$ 表示 x 轴上方图形面积与 x 轴下方图形面积之差.

例如，当函数 $f(x)$ 如图 5-1 所示时，有

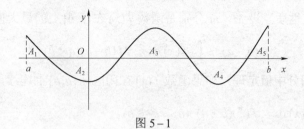

图 5-1

$$\int_a^b f(x)\,dx = A_1 - A_2 + A_3 - A_4 + A_5.$$

例 5-1 用定积分的几何意义求 $\int_0^1 (1-x)\,dx$.

解 函数 $y = 1-x$ 在区间 $[0, 1]$ 上的定积分是以 $y = 1-x$ 为曲边,以区间 $[0, 1]$ 为底的曲边梯形的面积. 因为这个曲边梯形是一个直角三角形,其底边长及高均为 1,所以 $\int_0^1 (1-x)\,dx = \frac{1}{2} \times 1 \times 1 = \frac{1}{2}$.

5.1.2 定积分的性质

为了叙述方便,假设下列各性质中所列出的定积分都是存在的.

性质 5-1 函数的和(或差)的定积分,等于它们各自定积分的和(或差),即

$$\int_a^b [f(x) \pm g(x)]\,dx = \int_a^b f(x)\,dx \pm \int_a^b g(x)\,dx.$$

性质 5-2 被积函数中的常数因子可以提到积分号的前面,即

$$\int_a^b k f(x)\,dx = k\int_a^b f(x)\,dx \quad (k \text{ 是常数}).$$

推论 5-1 由性质 5-1 与性质 5-2 即可推得定积分的线性性质:

$$\int_a^b [k_1 f_1(x) + k_2 f_2(x) + \cdots + k_n f_n(x)]\,dx = k_1 \int_a^b f_1(x)\,dx + k_2 \int_a^b f_2(x)\,dx + \cdots + k_n \int_a^b f_n(x)\,dx.$$

性质 5-3(积分对区间的可加性) 设 $a < c < b$,则 $\int_a^b f(x)\,dx = \int_a^c f(x)\,dx + \int_c^b f(x)\,dx$.

按定积分的补充规定,有:不论 a,b,c 的相对位置如何,总有等式

$$\int_a^b f(x)\,dx = \int_a^c f(x)\,dx + \int_c^b f(x)\,dx.$$

性质 5-4 如果在 $[a,b]$ 上,$f(x) \equiv 1$,则 $\int_a^b 1\,dx = \int_a^b dx = b - a$.

性质 5-5(不等式性质)如果在 $[a,b]$ 上,$f(x) \geq 0$,则 $\int_a^b f(x)\,dx \geq 0 \ (a < b)$.

推论 5-2 如果在 $[a,b]$ 上 $f(x) \geq g(x)$,则 $\int_a^b f(x)\,dx \geq \int_a^b g(x)\,dx \ (a < b)$.

推论 5-3 $\left|\int_a^b f(x)\,dx\right| \leq \int_a^b |f(x)|\,dx \ (a < b)$.

性质 5-6（估值性质）设 M, m 分别是函数 $f(x)$ 在 $[a,b]$ 上的最大值和最小值，则
$$m(b-a) \leqslant \int_a^b f(x)\,\mathrm{d}x \leqslant M(b-a) \quad (a<b).$$

性质 5-7（定积分中值定理）如果函数 $f(x)$ 在闭区间 $[a,b]$ 上连续，则在 $[a,b]$ 上至少存在一点 ξ，使得 $\int_a^b f(x)\,\mathrm{d}x = f(\xi)(b-a)\ (a \leqslant \xi \leqslant b)$.

例 5-2 比较下列定积分 $\int_0^1 x\,\mathrm{d}x$ 与 $\int_0^1 \ln(1+x)\,\mathrm{d}x$ 的大小.

解 令 $f(x) = x - \ln(1+x)$，$f'(x) = 1 - \dfrac{1}{1+x} = \dfrac{x}{1+x} > 0 \ (x \in (0,1))$，

可知 $f(x)$ 在 $[0,1]$ 上单调递增，于是 $f(x) > f(0) = 0$，即 $x \geqslant \ln(1+x)$，由性质 5-5 知
$$\int_0^1 x\,\mathrm{d}x \geqslant \int_0^1 \ln(1+x)\,\mathrm{d}x.$$

例 5-3 估计定积分 $\int_{\frac{\pi}{4}}^{\frac{\pi}{2}} \dfrac{\sin x}{x}\,\mathrm{d}x$ 的值.

解 令 $f(x) = \dfrac{\sin x}{x}$，$f'(x) = \dfrac{x\cos x - \sin x}{x^2} = \dfrac{(\cos x)(x - \tan x)}{x^2} < 0 \ \left(x \in \left(\dfrac{\pi}{4}, \dfrac{\pi}{2}\right)\right)$，

可知 $f(x)$ 在 $\left[\dfrac{\pi}{4}, \dfrac{\pi}{2}\right]$ 上单调递减，因此，$m = f\left(\dfrac{\pi}{2}\right) = \dfrac{2}{\pi}$，$M = f\left(\dfrac{\pi}{4}\right) = \dfrac{2\sqrt{2}}{\pi}$.

根据性质 5-6 有
$$\dfrac{2}{\pi}\left(\dfrac{\pi}{2} - \dfrac{\pi}{4}\right) \leqslant \int_{\frac{\pi}{4}}^{\frac{\pi}{2}} \dfrac{\sin x}{x}\,\mathrm{d}x \leqslant \dfrac{2\sqrt{2}}{\pi}\left(\dfrac{\pi}{2} - \dfrac{\pi}{4}\right),$$

即
$$\dfrac{1}{2} \leqslant \int_{\frac{\pi}{4}}^{\frac{\pi}{2}} \dfrac{\sin x}{x}\,\mathrm{d}x \leqslant \dfrac{\sqrt{2}}{2}.$$

5.2 微积分基本公式

如果物体以变速 $v = v(t)\ (v(t) \geqslant 0)$ 做直线运动，那么在时间区间 $[T_1, T_2]$ 内物体所经过的路程 s 可以用定积分表示为 $s = \int_{T_1}^{T_2} v(t)\,\mathrm{d}t$.

另外，如果已知该变速直线运动的位置函数为 $s = s(t)$，在时间区间 $[T_1, T_2]$ 内物体所经过的路程 s 又可以表示为 $s(T_2) - s(T_1)$. 由此可见
$$\int_{T_1}^{T_2} v(t)\,\mathrm{d}t = s(T_2) - s(T_1).$$

由于 $s'(t) = v(t)$，即 $s(t)$ 是 $v(t)$ 的原函数，这就是说，定积分 $\int_{T_1}^{T_2} v(t)\,\mathrm{d}t$ 等于被积函数 $v(t)$ 的原函数 $s(t)$ 在区间 $[T_1, T_2]$ 上的增量 $s(T_2) - s(T_1)$.

上述从变速直线运动的路程这个特殊问题中得出来的关系,在一定的条件下具有普遍性. 事实上,后面会证明,如果 $F(x)$ 为连续函数 $f(x)$ 在闭区间 $[a,b]$ 上的一个原函数,那么,$f(x)$ 在 $[a,b]$ 上的定积分 $\int_a^b f(x)dx$ 等于被积函数 $f(x)$ 的原函数 $F(x)$ 在区间 $[a,b]$ 上的增量 $F(b)-F(a)$.

5.2.1 积分上限的函数及其导数

设函数 $f(x)$ 在区间 $[a,b]$ 上连续,那么定积分 $\int_a^x f(t)dt$ 存在. 根据定积分的定义,定积分的值只与被积函数和积分上、下限有关,与积分变量的记号无关,现在上限 x 在 $[a,b]$ 上任意取值,则对于每一个取定的 x 值,定积分 $\int_a^x f(t)dt$ 都有一个对应值,这样上限为变量的积分 $\int_a^x f(t)dt$ 就是上限 x 的函数,称此函数为积分上限的函数,记作 $\Phi(x)$,即

$$\Phi(x) = \int_a^x f(t)dt \quad (a \leqslant x \leqslant b).$$

这个函数具有下面的重要性质.

定理 5-3 如果函数 $f(x)$ 在 $[a,b]$ 上连续,则积分上限的函数 $\Phi(x) = \int_a^x f(t)dt$ 在区间 $[a,b]$ 上可导,并且 $\Phi'(x) = \dfrac{d}{dx}\left(\int_a^x f(t)dt\right)' = f(x) \ (a \leqslant x \leqslant b)$.

一方面定理 5-3 肯定了连续函数的原函数是存在的,另一方面初步揭示了定积分与原函数之间的联系. 因此,就有可能借助原函数来计算定积分.

定理 5-4 如果 $f(x)$ 在 $[a,b]$ 上连续,则 $\Phi(x) = \int_a^x f(t)dt$ 是 $f(x)$ 在 $[a,b]$ 上的一个原函数.

例 5-4 求 $\lim\limits_{x \to 0} \dfrac{\int_{\cos x}^1 e^{-t^2}dt}{x^2}$.

解 设 $\Phi(x) = \int_1^x e^{-t^2}dt$,则 $\Phi(\cos x) = \int_1^{\cos x} e^{-t^2}dt$,令 $u = \cos x$,则

$$\frac{d}{dx}\int_1^{\cos x} e^{-t^2}dt = \frac{d}{dx}\Phi(\cos x) = \frac{d}{du}\Phi(u) \cdot \frac{du}{dx} = e^{-u^2} \cdot (-\sin x) = -\sin x \cdot e^{-\cos^2 x},$$

由洛必达法则,有 $\lim\limits_{x \to 0} \dfrac{\int_{\cos x}^1 e^{-t^2}dt}{x^2} = \lim\limits_{x \to 0} \dfrac{-\int_1^{\cos x} e^{-t^2}dt}{x^2} = \lim\limits_{x \to 0} \dfrac{\sin x e^{-\cos^2 x}}{2x} = \dfrac{1}{2e}$.

5.2.2 牛顿-莱布尼茨公式

定理 5-5 如果函数 $F(x)$ 是连续函数 $f(x)$ 在区间 $[a,b]$ 上的一个原函数,则

$$\int_a^b f(x)dx = [F(x)]_a^b = F(b) - F(a).$$

上述公式称为牛顿-莱布尼茨公式,也称为微积分基本公式. 牛顿-莱布尼茨公式把计算定积分的值归结为求原函数的增量,此公式不仅从根本上进一步揭示了定积分与被积函数的原函数或不定积分之间的内在联系,同时它也为定积分的计算提供了简便而有效的基本方法.

例 5-5 计算 $\int_0^1 x^2 dx$.

解 由于 $\frac{1}{3}x^3$ 是 x^2 的一个原函数,所以 $\int_0^1 x^2 dx = \left[\frac{1}{3}x^3\right]_0^1 = \frac{1}{3} \times 1^3 - \frac{1}{3} \times 0^3 = \frac{1}{3}$.

例 5-6 计算 $\int_{-1}^{\sqrt{3}} \frac{dx}{1+x^2}$.

解 $\int_{-1}^{\sqrt{3}} \frac{dx}{1+x^2} = \arctan x \Big|_{-1}^{\sqrt{3}} = \arctan\sqrt{3} - \arctan(-1) = \frac{\pi}{3} - \left(-\frac{\pi}{4}\right) = \frac{7}{12}\pi$.

例 5-7 计算 $\int_{-2}^{-1} \frac{1}{x} dx$.

解 $\int_{-2}^{-1} \frac{1}{x} dx = [\ln|x|]_{-2}^{-1} = \ln 1 - \ln 2 = -\ln 2$.

5.3 定积分的换元积分法和分部积分法

5.3.1 定积分的换元积分法

定理 5-6 设 $g(x)$ 在 $[a,b]$ 上连续,那么
$$\int_a^b f(\varphi(x))\varphi'(x)dx = \int_a^b f(\varphi(x))d\varphi(x).$$

这里,由于没有把变换式 $t=\varphi(x)$ 明确写出,积分变量仍然是 x,所以不必改变上、下限.

定理 5-7 设 $f(x)$ 在区间 $[a,b]$ 上连续,函数 $x=\varphi(t)$ 满足条件:

(1) $\varphi(\alpha)=a$, $\varphi(\beta)=b$;

(2) $\varphi(t)$ 在 $[\alpha,\beta]$(或 $[\beta,\alpha]$)上具有连续导数,且其值域 $R_\varphi=[a,b]$,则有

$$\int_a^b f(x)dx = \int_\alpha^\beta f(\varphi(t))\varphi'(t)dt.$$

上述公式称为定积分的换元积分公式,简称换元公式.

注 ① 若定理 5-7 中的 $\varphi(t)$ 的值域 R_φ 超出 $[a,b]$,但 $\varphi(t)$ 满足其余条件时,只要 $f(x)$ 在 R_φ 上连续,则定理的结论仍成立.

② 应用换元公式时有两点值得注意:在换元的同时,积分上、下限也要作相应的变换,即"换元必换限";在换元之后,按新的积分变量进行定积分运算,不必再还原为原变量.

例 5-8 计算 $\int_0^\pi \sin^3 x dx$.

解 $\int_0^\pi \sin^3 x \, dx = \int_0^\pi (\cos^2 x - 1)(-\sin x) \, dx$

$= \int_0^\pi (\cos^2 x - 1) \, d(\cos x) = \left[\dfrac{\cos^3 x}{3} - \cos x\right]_0^\pi = \left(-\dfrac{1}{3} + 1\right) - \left(\dfrac{1}{3} - 1\right) = \dfrac{4}{3}.$

例 5-9 计算 $\int_0^\pi \sqrt{\sin^3 x - \sin^5 x} \, dx$.

解 $\int_0^\pi \sqrt{\sin^3 x - \sin^5 x} \, dx = \int_0^\pi \sqrt{\sin^3 x (1 - \sin^2 x)} \, dx = \int_0^\pi \sin^{\frac{3}{2}} x \, |\cos x| \, dx$

$= \int_0^{\frac{\pi}{2}} \sin^{\frac{3}{2}} x \cos x \, dx - \int_{\frac{\pi}{2}}^\pi \sin^{\frac{3}{2}} x \cos x \, dx$

$= \int_0^{\frac{\pi}{2}} \sin^{\frac{3}{2}} x \, d\sin x - \int_{\frac{\pi}{2}}^\pi \sin^{\frac{3}{2}} x \, d\sin x$

$= \left[\dfrac{2}{5} \sin^{\frac{5}{2}} x\right]_0^{\frac{\pi}{2}} - \left[\dfrac{2}{5} \sin^{\frac{5}{2}} x\right]_{\frac{\pi}{2}}^\pi = \dfrac{2}{5} - \left(-\dfrac{2}{5}\right) = \dfrac{4}{5}.$

例 5-10 计算 $\int_0^a \sqrt{a^2 - x^2} \, dx \ (a > 0)$.

解 $\int_0^a \sqrt{a^2 - x^2} \, dx \xlongequal{令 x = a\sin t} \int_0^{\frac{\pi}{2}} a\cos t \cdot a\cos t \, dt$

$= a^2 \int_0^{\frac{\pi}{2}} \cos^2 t \, dt = \dfrac{a^2}{2} \int_0^{\frac{\pi}{2}} (1 + \cos 2t) \, dt = \dfrac{a^2}{2} \left[t + \dfrac{1}{2}\sin 2t\right]_0^{\frac{\pi}{2}} = \dfrac{1}{4}\pi a^2.$

注 换元要伴随换限同时进行，当 $x = 0$ 时，$t = 0$；当 $x = a$ 时，$t = \dfrac{\pi}{2}$.

例 5-11 计算 $\int_0^4 \dfrac{x+2}{\sqrt{2x+1}} \, dx$.

解 $\int_0^4 \dfrac{x+2}{\sqrt{2x+1}} \, dx \xlongequal{令 \sqrt{2x+1} = t} \int_1^3 \dfrac{\dfrac{t^2-1}{2} + 2}{t} \cdot t \, dt = \dfrac{1}{2} \int_1^3 (t^2 + 3) \, dt$

$= \dfrac{1}{2}\left[\dfrac{1}{3}t^3 + 3t\right]_1^3 = \dfrac{1}{2}\left[\left(\dfrac{27}{3} + 9\right) - \left(\dfrac{1}{3} + 3\right)\right] = \dfrac{22}{3}.$

注 换元要伴随换限同时进行，当 $x = 0$ 时，$t = 1$；当 $x = 4$ 时，$t = 3$.

例 5-12 计算 $\int_{-1}^1 \dfrac{2x^2 + x\cos x}{1 + \sqrt{1-x^2}} \, dx$.

解 $\int_{-1}^1 \dfrac{2x^2 + x\cos x}{1 + \sqrt{1-x^2}} \, dx = \int_{-1}^1 \dfrac{2x^2}{1 + \sqrt{1-x^2}} \, dx + \int_{-1}^1 \dfrac{x\cos x}{1 + \sqrt{1-x^2}} \, dx.$

由于被积函数 $\dfrac{2x^2}{1+\sqrt{1-x^2}}$ 在 $[-1,1]$ 上是偶函数，$\dfrac{x\cos x}{1+\sqrt{1-x^2}}$ 在 $[-1,1]$ 上是奇函数，所以

$$\int_{-1}^{1}\dfrac{2x^2+x\cos x}{1+\sqrt{1-x^2}}\mathrm{d}x = 2\int_{0}^{1}\dfrac{2x^2}{1+\sqrt{1-x^2}}\mathrm{d}x = 4\int_{0}^{1}\dfrac{x^2}{1+\sqrt{1-x^2}}\mathrm{d}x$$

$$\xlongequal{\diamondsuit x=\sin t} 4\int_{0}^{\frac{\pi}{2}}\dfrac{\sin^2 t\cos t}{1+\cos t}\mathrm{d}t = 4\int_{0}^{\frac{\pi}{2}}\dfrac{(1-\cos^2 t)\cos t}{1+\cos t}\mathrm{d}t$$

$$= 4\int_{0}^{\frac{\pi}{2}}(\cos t - \cos^2 t)\mathrm{d}t = 4\left(1-\dfrac{1}{2}\cdot\dfrac{\pi}{2}\right) = 4-\pi.$$

注（定积分的对称性）若 $f(x)$ 在 $[-a,a]$ 上连续，则

若 $f(x)$ 为偶函数，有 $\int_{-a}^{a}f(x)\mathrm{d}x = \int_{0}^{a}[f(-x)+f(x)]\mathrm{d}x = 2\int_{0}^{a}f(x)\mathrm{d}x$；

若 $f(x)$ 为奇函数，有 $\int_{-a}^{a}f(x)\mathrm{d}x = \int_{0}^{a}[f(-x)+f(x)]\mathrm{d}x = 0.$

5.3.2 定积分的分部积分法

设 $u(x)$，$v(x)$ 在区间 $[a,b]$ 上具有连续的导数，则 $u(x)v'(x) = [u(x)v(x)]' - u'(x)v(x)$，分别对上式两端在 $[a,b]$ 上作定积分，得

$$\int_{a}^{b}u(x)v'(x)\mathrm{d}x = \int_{a}^{b}[u(x)v(x)]'\mathrm{d}x - \int_{a}^{b}u'(x)v(x)\mathrm{d}x = [u(x)v(x)]_{a}^{b} - \int_{a}^{b}u'(x)v(x)\mathrm{d}x,$$

简记作

$$\int_{a}^{b}uv'\mathrm{d}x = [uv]_{a}^{b} - \int_{a}^{b}u'v\,\mathrm{d}x，\text{或}\int_{a}^{b}u\,\mathrm{d}v = [uv]_{a}^{b} - \int_{a}^{b}v\,\mathrm{d}u.$$

这就是定积分的分部积分公式.

例 5-13 计算 $\int_{0}^{\frac{1}{2}}\arcsin x\,\mathrm{d}x$.

解 $\int_{0}^{\frac{1}{2}}\arcsin x\,\mathrm{d}x = [x\arcsin x]_{0}^{\frac{1}{2}} - \int_{0}^{\frac{1}{2}}x\,\mathrm{d}(\arcsin x)$

$$= \dfrac{1}{2}\cdot\dfrac{\pi}{6} - \int_{0}^{\frac{1}{2}}\dfrac{x}{\sqrt{1-x^2}}\mathrm{d}x = \dfrac{\pi}{12} + \dfrac{1}{2}\int_{0}^{\frac{1}{2}}\dfrac{1}{\sqrt{1-x^2}}\mathrm{d}(1-x^2)$$

$$= \dfrac{\pi}{12} + \left[\sqrt{1-x^2}\right]_{0}^{\frac{1}{2}} = \dfrac{\pi}{12} + \dfrac{\sqrt{3}}{2} - 1.$$

例 5-14 计算 $\int_{0}^{1}\mathrm{e}^{\sqrt{x}}\mathrm{d}x$.

解 令 $\sqrt{x} = t$，则 $\int_{0}^{1}\mathrm{e}^{\sqrt{x}}\mathrm{d}x = 2\int_{0}^{1}\mathrm{e}^{t}t\,\mathrm{d}t = 2\int_{0}^{1}t\,\mathrm{d}\mathrm{e}^{t} = 2\left[t\mathrm{e}^{t}\right]_{0}^{1} - 2\int_{0}^{1}\mathrm{e}^{t}\,\mathrm{d}t$

$$= 2\mathrm{e} - 2\left[\mathrm{e}^{t}\right]_{0}^{1} = 2.$$

5.4 广 义 积 分

5.4.1 无穷限的广义积分

定义 5-2 设函数 $f(x)$ 在 $[a,+\infty)$ 上连续，取 $b>a$，如果极限 $\lim\limits_{b\to+\infty}\int_a^b f(x)\,\mathrm{d}x$ 存在，称此极限为函数 $f(x)$ 在无穷区间 $[a,+\infty)$ 上的广义积分，记作 $\int_a^{+\infty}f(x)\,\mathrm{d}x$，即

$$\int_a^{+\infty}f(x)\,\mathrm{d}x=\lim_{b\to+\infty}\int_a^b f(x)\,\mathrm{d}x,$$

此时也称广义积分 $\int_a^{+\infty}f(x)\,\mathrm{d}x$ 收敛，如果上述极限不存在，则称广义积分 $\int_a^{+\infty}f(x)\,\mathrm{d}x$ 发散.

类似地，连续函数 $f(x)$ 在无穷区间 $(-\infty,b]$ 上的广义积分定义为

$$\int_{-\infty}^b f(x)\,\mathrm{d}x=\lim_{a\to-\infty}\int_a^b f(x)\,\mathrm{d}x\ (a<b),$$

此时，如果极限 $\lim\limits_{a\to-\infty}\int_a^b f(x)\,\mathrm{d}x$ 存在，则称广义积分 $\int_{-\infty}^b f(x)\,\mathrm{d}x$ 收敛，如果极限 $\lim\limits_{a\to-\infty}\int_a^b f(x)\,\mathrm{d}x$ 不存在，则称广义积分 $\int_{-\infty}^b f(x)\,\mathrm{d}x$ 发散.

连续函数 $f(x)$ 在无穷区间 $(-\infty,+\infty)$ 上广义积分定义为

$$\int_{-\infty}^{+\infty}f(x)\,\mathrm{d}x=\int_{-\infty}^0 f(x)\,\mathrm{d}x+\int_0^{+\infty}f(x)\,\mathrm{d}x,$$

此时，如果上式右端的两个广义积分 $\int_{-\infty}^0 f(x)\,\mathrm{d}x$ 和 $\int_0^{+\infty}f(x)\,\mathrm{d}x$ 都收敛，则称广义积分 $\int_{-\infty}^{+\infty}f(x)\,\mathrm{d}x$ 收敛；否则就称广义积分 $\int_{-\infty}^{+\infty}f(x)\,\mathrm{d}x$ 发散.

上述 3 种积分统称为无穷限的广义积分.

注 实际计算广义积分过程中常常省去极限记号，而形式地把 ∞ 当作一个数，直接套用牛顿-莱布尼茨公式的计算格式：

$$\int_a^{+\infty}f(x)\,\mathrm{d}x=[F(x)]_a^{+\infty}=F(+\infty)-F(a),$$

$$\int_{-\infty}^b f(x)\,\mathrm{d}x=[F(x)]_{-\infty}^b=F(b)-F(-\infty),$$

$$\int_{-\infty}^{+\infty}f(x)\,\mathrm{d}x=[F(x)]_{-\infty}^{+\infty}=F(+\infty)-F(-\infty),$$

其中，$F(x)$ 为 $f(x)$ 在相应区间上的一个原函数，而 $F(+\infty)=\lim\limits_{x\to+\infty}F(x)$，$F(-\infty)=\lim\limits_{x\to-\infty}F(x)$.

例 5-15 计算反常积分 $\int_{-\infty}^{+\infty}\dfrac{1}{1+x^2}\,\mathrm{d}x$.

解 $\int_{-\infty}^{+\infty} \frac{1}{1+x^2} dx = [\arctan x]_{-\infty}^{+\infty} = \lim_{x \to +\infty} \arctan x - \lim_{x \to -\infty} \arctan x = \frac{\pi}{2} - \left(-\frac{\pi}{2}\right) = \pi.$

这个广义积分的几何意义是：当 $a \to -\infty$、$b \to +\infty$ 时，虽然图 5-2 的阴影部分向左、右无限延伸，但其面积却有极限值 π. 简单地说，它是位于曲线 $y = \frac{1}{1+x^2}$ 下方、x 轴上方的图形的面积.

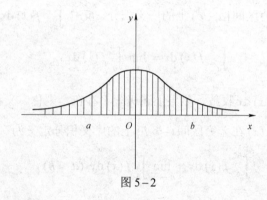

图 5-2

例 5-16 计算反常积分 $\int_0^{+\infty} t e^{-t} dt$.

解 $\int_0^{+\infty} t e^{-t} dt = [\int t e^{-t} dt]_0^{+\infty} = [-\int t d e^{-t}]_0^{+\infty} = [-t e^{-t} + \int e^{-t} dt]_0^{+\infty}$

$= [-t e^{-t} - e^{-t}]_0^{+\infty} = \lim_{t \to +\infty} [-t e^{-t} - e^{-t}] + 1 = 1.$

例 5-17 讨论反常积分 $\int_a^{+\infty} \frac{1}{x^p} dx$ $(a>0)$ 的敛散性.

解 当 $p=1$ 时，$\int_a^{+\infty} \frac{1}{x^p} dx = \int_a^{+\infty} \frac{1}{x} dx = [\ln x]_a^{+\infty} = +\infty$；

当 $p<1$ 时，$\int_a^{+\infty} \frac{1}{x^p} dx = \left[\frac{1}{1-p} x^{1-p}\right]_a^{+\infty} = +\infty$；

当 $p>1$ 时，$\int_a^{+\infty} \frac{1}{x^p} dx = \left[\frac{1}{1-p} x^{1-p}\right]_a^{+\infty} = \frac{a^{1-p}}{p-1}.$

因此，当 $p>1$ 时，此反常积分收敛，其值为 $\frac{a^{1-p}}{p-1}$；当 $p \leq 1$ 时，此反常积分发散.

5.4.2 无界函数的广义积分

定义 5-3 设函数 $f(x)$ 在 $(a,b]$ 上连续，而在点 a 的右邻域内无界（$\lim_{x \to a^+} f(x) = \infty$）. 取 $\varepsilon > 0$，如果极限 $\lim_{\varepsilon \to 0^+} \int_{a+\varepsilon}^b f(x) dx$ 存在，称此极限为函数 $f(x)$ 在 $(a,b]$ 上的广义积分，记作

$\int_a^b f(x)\,dx$,即

$$\int_a^b f(x)\,dx = \lim_{\varepsilon \to 0^+} \int_{a+\varepsilon}^b f(x)\,dx.$$

此时也称广义积分 $\int_a^b f(x)\,dx$ 收敛. 如果上述极限不存在,则称广义积分 $\int_a^b f(x)\,dx$ 发散.

类似地,设函数 $f(x)$ 在 $[a,b)$ 上连续,而在点 b 的左邻域内无界($\lim\limits_{x \to b^-} f(x) = \infty$),广义积分定义为

$$\int_a^b f(x)\,dx = \lim_{\varepsilon \to 0^+} \int_a^{b-\varepsilon} f(x)\,dx.$$

此时,如果极限 $\lim\limits_{\varepsilon \to 0^+} \int_a^{b-\varepsilon} f(x)\,dx$ 存在,则称广义积分 $\int_a^b f(x)\,dx$ 收敛,如果极限 $\lim\limits_{\varepsilon \to 0^+} \int_a^{b-\varepsilon} f(x)\,dx$ 不存在,则称广义积分 $\int_a^b f(x)\,dx$ 发散.

设函数 $f(x)$ 在 $[a,b]$ 上除点 $c(a<c<b)$ 外连续,而在点 c 的邻域内无界($\lim\limits_{x \to c} f(x) = \infty$),广义积分定义为

$$\int_a^b f(x)\,dx = \int_a^c f(x)\,dx + \int_c^b f(x)\,dx,$$

此时,如果上式右端的两个广义积分 $\int_a^c f(x)\,dx$ 和 $\int_c^b f(x)\,dx$ 都收敛,则称广义积分 $\int_a^b f(x)\,dx$ 收敛. 否则,就称广义积分 $\int_a^b f(x)\,dx$ 发散.

上述 3 种积分统称为无界函数的广义积分,无界的点称为瑕点.

注 实际计算广义积分过程中常常简单记成:

① 当 a 为瑕点时,$\int_a^b f(x)\,dx = [F(x)]_a^b = F(b) - \lim\limits_{x \to a^+} F(x)$;

② 当 b 为瑕点时,$\int_a^b f(x)\,dx = [F(x)]_a^b = \lim\limits_{x \to b^-} F(x) - F(a)$;

③ 当 $c(a<c<b)$ 为瑕点时,

$$\int_a^b f(x)\,dx = \int_a^c f(x)\,dx + \int_c^b f(x)\,dx = \left[\lim_{x \to c^-} F(x) - F(a)\right] + \left[F(b) - \lim_{x \to c^+} F(x)\right].$$

其中,$F(x)$ 为 $f(x)$ 在相应区间上的一个原函数.

例 5-18 计算反常积分 $\int_0^a \dfrac{1}{\sqrt{a^2-x^2}}\,dx$ ($a>0$).

解 因为 $\lim\limits_{x \to a^-} \dfrac{1}{\sqrt{a^2-x^2}} = +\infty$,所以点 a 为被积函数的瑕点,有

$$\int_0^a \frac{1}{\sqrt{a^2-x^2}} dx = \lim_{\varepsilon \to 0^+} \int_0^{a-\varepsilon} \frac{1}{\sqrt{a^2-x^2}} dx = \lim_{x \to a^-} \arcsin\frac{x}{a} - 0 = \frac{\pi}{2}.$$

这个广义积分的几何意义是：它是位于曲线 $y = \dfrac{1}{\sqrt{a^2-x^2}}$ 之下、x 轴之上、$x=0$ 与 $x=a$ 之间的图形的面积（见图 5-3）.

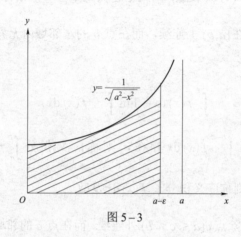

图 5-3

例 5-19 讨论反常积分 $\int_{-1}^1 \dfrac{1}{x^2} dx$ 的收敛性.

解 函数 $\dfrac{1}{x^2}$ 在区间 $[-1,1]$ 上除 $x=0$ 外连续，且 $\lim\limits_{x \to 0} \dfrac{1}{x^2} = \infty$，所以 0 为瑕点，又因为

$$\int_{-1}^0 \frac{1}{x^2} dx = \left[-\frac{1}{x}\right]_{-1}^0 = \lim_{x \to 0^-}\left(-\frac{1}{x}\right) - 1 = +\infty,$$

反常积分 $\int_{-1}^0 \dfrac{1}{x^2} dx$ 发散，所以反常积分 $\int_{-1}^1 \dfrac{1}{x^2} dx$ 发散.

5.5 定积分在几何上的简单应用

5.5.1 平面图形的面积

由定积分的几何意义可知：由连续曲线 $y=f(x)(f(x) \geqslant 0)$、直线 $x=a$、$x=b(a<b)$ 及 x 轴所围成的平面图形的面积为 $A = \int_a^b f(x) dx$.

将这个结论推广，由上下两条连续曲线 $y=f(x)$、$y=g(x)(f(x) \geqslant g(x))$ 及直线 $x=a$、$x=b(a<b)$ 所围成的平面图形（X-型）的面积为 $A = \int_a^b (f(x)-g(x)) dx$.

类似地，由左右两条连续曲线 $x=\varphi(y)$、$x=\psi(y)(\varphi(y) \leqslant \psi(y))$ 及直线 $y=c$、$y=d(c<d)$ 所围成平面图形（Y-型）的面积为 $A = \int_c^d (\psi(x)-\varphi(x)) dx$.

例 5-20 求由曲线 $y = \dfrac{1}{x}$ 与直线 $y = x$ 及 $x = 2$ 所围成的平面图形的面积.

解 如图 5-4 所示，由于曲线 $y = \dfrac{1}{x}$ 与直线 $y = x$ 的交点为 $(1,1)$、$(-1,-1)$，又这两条线和 $x = 2$ 分别交于 $\left(2, \dfrac{1}{2}\right)$、$(2,2)$，故所围区域 D 表达为 $X-$ 型：$\begin{cases} 1 < x < 2 \\ \dfrac{1}{x} < y < x \end{cases}$，即

$$S_D = \int_1^2 \left(x - \dfrac{1}{x}\right) dx = \left(\dfrac{1}{2}x^2 - \ln|x|\right)\Big|_1^2 = \dfrac{3}{2} - \ln 2.$$

例 5-21 求由曲线 $y = x^2$、$4y = x^2$ 及直线 $y = 1$ 所围成的平面图形的面积.

解 法一 如图 5-5 所示，所围图形关于 Y 轴对称，由于第一象限所围区域 D_1 表达为 $Y-$ 型时形式简单，故 D_1：$\begin{cases} 0 < y < 1 \\ \sqrt{y} < x < 2\sqrt{y} \end{cases}$，即

$$S_D = 2 S_{D_1} = 2\int_0^1 (2\sqrt{y} - \sqrt{y}) dy = 2 \times \dfrac{2}{3} y^{\frac{3}{2}}\Big|_0^1 = \dfrac{4}{3}.$$

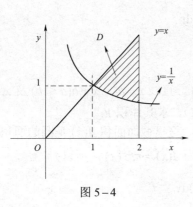

图 5-4

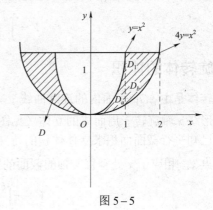

图 5-5

法二 若用 $X-$ 型做，则第一象限内所围区域 $D_1 = D_a \cup D_b$，其中 D_a：$\begin{cases} 0 < x < 1 \\ \dfrac{x^2}{4} < y < x^2 \end{cases}$，

D_b：$\begin{cases} 1 < x < 2 \\ \dfrac{x^2}{4} < y < 1 \end{cases}$，故

$$S_D = 2 S_{D_1} = 2\left[\int_0^1 \left(x^2 - \dfrac{x^2}{4}\right) dx + \int_1^2 \left(1 - \dfrac{x^2}{4}\right) dx\right] = \dfrac{4}{3}.$$

5.5.2 已知平行截面面积的立体的体积

设有立体（见图 5-6），该立体介于过 $x = a$、$x = b (a < b)$ 且垂直于 x 轴的两平面之间，

过$[a,b]$上任一点x且垂直于x轴的截面面积$A(x)$是已知的连续函数，计算该立体的体积.

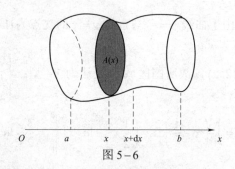

图 5-6

取x为积分变量，在$[a,b]$上任取一个小区间$[x,x+\mathrm{d}x]$，与此小区间相应的那一部分立体的体积近似于底面积为$A(x)$、高为$\mathrm{d}x$的柱体的体积，即体积元素为$\mathrm{d}V = A(x)\mathrm{d}x$.

以$A(x)\mathrm{d}x$为被积表达式，在区间$[a,b]$上作定积分，便得所求立体的体积为

$$V = \int_a^b A(x)\,\mathrm{d}x.$$

类似地，设该立体介于过$y=c$、$y=d(c<d)$且垂直于y轴的两平面之间，过$[c,d]$上任一点y且垂直于y轴的截面面积$A(y)$是已知的连续函数，则该立体的体积为

$$V = \int_c^d A(y)\,\mathrm{d}y.$$

5.5.3 旋转体的体积

设旋转体是由xOy平面内的连续曲线$y=f(x)$、直线$x=a$、$x=b(a<b)$及x轴所围成的曲边梯形绕x轴旋转一周而成的立体（见图5-7），求其体积V.

这是已知平行截面面积求立体体积的特殊情形，这里截面面积$A(x)$是圆的面积. 在$[a,b]$上任取一点x，相应于x处垂直x轴的截面的面积为$A(x) = \pi f^2(x)$，所以

$$V = \pi\int_a^b f^2(x)\mathrm{d}x.$$

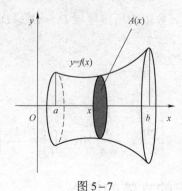

图 5-7

类似地，由连续曲线$x=g(y)$、直线$y=c$、$y=d(c<d)$及y轴所围成的曲边梯形绕y

轴旋转一周所得旋转体（见图 5-8）的体积为 $V = \pi \int_c^d g^2(y) \mathrm{d}y$.

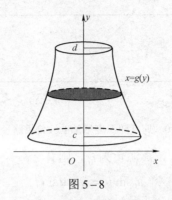

图 5-8

例 5-22 求由 $y = x^3$、$x = 2$、$y = 0$ 所围成的图形，绕 x 轴及 y 轴旋转所得的两个不同的旋转体的体积.

解 如图 5-9 所示，绕 x 轴旋转所得的旋转体的体积为

$$V_x = \int_0^2 \pi y^2 \mathrm{d}x = \int_0^2 \pi x^6 \mathrm{d}x = \frac{128}{7}\pi.$$

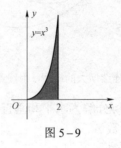

图 5-9

绕 y 轴旋转所得的旋转体的体积为

$$V_y = 2^2 \times \pi \times 8 - \int_0^8 \pi x^2 \mathrm{d}y = 32\pi - \pi \int_0^8 y^{\frac{2}{3}} \mathrm{d}y = \frac{64}{5}\pi.$$

5.6 知识拓展

5.6.1 定积分的计算

1. 震中距和走时

速度随深度增加的平层介质地震波传播路径的形态如图 5-10 所示.

在多数情况下，P 波和 S 波的速度是深度的函数，随深度的增大而增加. 假如考察平层介质中向下传播的波，下层的传播速度比上层快. 射线参数 p 保持不变，则有

$$p = u_1 \sin i_1 = u_2 \sin i_2 = u_3 \sin i_3.$$

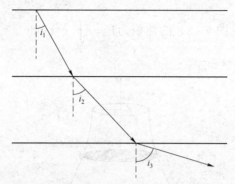

图 5-10 速度随深度增加的波传播路径的变化

如果令在地表面的慢度为 u_0, 离源角为 i_0, 则有

$$u_0 \sin i_0 = p = u \sin i. \tag{5-1}$$

速度随着深度逐渐增加, i 逐渐增大. 当 $i = 90°$ 时, 射线在该点发生转折, $p = u_{tp}$, 这里 u_{tp} 是转折点的慢度. 根据式（5-1）, 射线参数越小的射线对应的 i_0 越小, 在地下向下越陡, 则地震射线会在比较深的地方发生转折, 在地表上所走的路程较远（见图 5-11）.

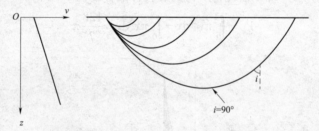

图 5-11 速度随深度连续增大的模型, 射线路径的弯曲凹向地表面

在射线上的每一点, 慢度矢量 s 可分解为水平和垂直两个分量. 分量大小由局部的慢度 u 给出. 慢度的水平分量 s_x 就是射线参数 p.

用类似的方法, 可以把**垂直慢度** η 定义为

$$\eta = u \cos i = (u^2 - p^2)^{\frac{1}{2}}. \tag{5-2}$$

根据式（5-2）可知: 在转折点, i 为 $90°$, 射线在水平方向传播, 此时, $p = u$, $\eta = 0$.

现在来研究积分表达, 以计算沿特定射线的走时和距离. 考虑沿射线路径的长度为 ds 的一个小线段（见图 5-12）. 按几何学, 有 $\dfrac{dx}{dz} = \tan i$, 因为 $p = u \sin i$, 故可以写成

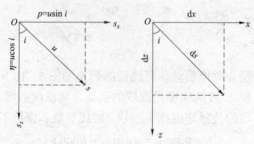

图 5-12 地震波射线元分析

$$\sin i = \frac{p}{u}, \quad \cos i = (1-\sin^2 i)^{\frac{1}{2}} = (1-p^2/u^2)^{\frac{1}{2}},$$

所以有
$$\frac{\mathrm{d}x}{\mathrm{d}z} = \tan i = \frac{\sin i}{\cos i} = \frac{p}{(u^2-p^2)^{\frac{1}{2}}}, \quad \mathrm{d}x = \frac{p}{(u^2-p^2)^{\frac{1}{2}}}\mathrm{d}z,$$

对其积分得 $x(z_1,z_2,p) = p\int_{z_1}^{z_2} \frac{\mathrm{d}z}{(u^2(z)-p^2)^{\frac{1}{2}}}$.

如果令 z_1 为自由表面($z_1=0$)，z_2 为转折点 z_p，地震射线自地表震源到转折点（射线最深点）之间的在地表投影的距离 x 为

$$x(p) = p\int_0^{z_p} \frac{\mathrm{d}z}{(u^2(z)-p^2)^{\frac{1}{2}}}. \tag{5-3}$$

由于转折点两边的射线是对称的，所以从地表原点（震源点）到地表接收点的距离 $X(p)$ 正好是式（5-3）的两倍，即

$$X(p) = 2p\int_0^{z_p} \frac{\mathrm{d}z}{(u^2(z)-p^2)^{\frac{1}{2}}}. \tag{5-4}$$

根据几何学得 $\frac{\mathrm{d}z}{\mathrm{d}s} = \cos i = (1-\sin^2 i)^{\frac{1}{2}} = \left(1-\frac{p^2}{u^2}\right)^{\frac{1}{2}}$，因此，有 $\mathrm{d}s = \frac{\mathrm{d}z}{\left(1-\frac{p^2}{u^2}\right)^{1/2}}$，由此得

$\mathrm{d}t = u\mathrm{d}s = \frac{u\mathrm{d}z}{\left(1-\frac{p^2}{u^2}\right)^{\frac{1}{2}}}$，所以自深度 z_1 到 z_2 的走时的表达式为

$$t(z_1,z_2,p) = \int_{z_1}^{z_2} \frac{u^2(z)}{(u^2(z)-p^2)^{\frac{1}{2}}}\mathrm{d}z.$$

地震射线自地表到最深的转折点 z_p 的走时 $t(p)$ 的表达式为

$$t(p) = \int_0^{z_p} \frac{u^2(z)}{(u^2(z)-p^2)^{\frac{1}{2}}}\mathrm{d}z,$$

该式给出了从地表原点到转折点 z_p 的走时，从地表—地表的总的走时 $T(p)$ 为

$$T(p) = 2\int_0^{z_p} \frac{u^2(z)}{(u^2(z)-p^2)^{\frac{1}{2}}}\mathrm{d}z.$$

2. 单层走时和震中距

假定速度梯度为常数的层的上边界和下边界的速度分别为 $v_1(z_1)$ 与 $v_2(z_2)$，相对应的深度为 z_1 和 z_2，该层中的速度和梯度斜率 b 值可以表示为：$v(z) = a+bz$，$b = \frac{v_2-v_1}{z_2-z_1}$，则慢

度 $u(z) = \dfrac{1}{a+bz}$；因此，有

$$x(p) = p\int_{z_1}^{z_2} \frac{\mathrm{d}z}{\sqrt{(a+bz)^{-2}-p^2}} = -p\int_{u_1}^{u_2}\frac{\mathrm{d}u}{bu^2\sqrt{u^2-p^2}} = \frac{\sqrt{u^2-p^2}}{bup}\bigg|_{u_2}^{u_1}.$$

5.6.2 直角坐标系的应用

针对中国的地震活动性及地质构造进行研究，张培震院士综合前人的研究成果给出了中国及邻区的块体边界，这与有史以来的地震活动性有很好的对应.

关于全球分层均匀的速度模型，世界上各国科学家根据自己的研究给出了很多模型（见图 5-13）.

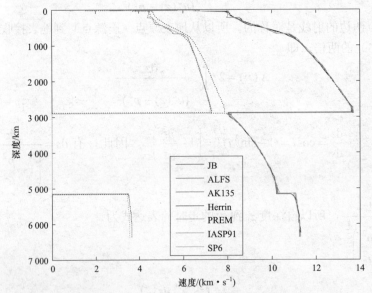

图 5-13 不同速度模型绘制结果的比较，其中实线为 P 波速度，虚线为 S 波速度

5.6.3 广义积分

面波衰减较慢的解释

地震波是由许多频率不同的简谐波相互叠加而成的，其频谱是连续的，可以写成形式

$$f(x,t) = \int_{-\infty}^{+\infty} g(k)\,\mathrm{e}^{\mathrm{i}k(ct-x)}\mathrm{d}k,$$

其中 $g(k)$ 为波的振幅谱，每一个简谐波都以自己的相速度 c 传播，而相速度 c 为 ω 和 k 的函数，即对不同波数的简谐波，其相速度是不同的.

5.6.4 微元法

1. 地球内部重力的估计

地球内部任一点的重力 g 是地球其他所有质量对该点单位质量所施加力之合力（不考虑旋转离心力）. 对于球对称介质，球壳的体积可表述为 $4\pi r^2 \mathrm{d}r$，球壳的质量可表述为 $\mathrm{d}m = \rho 4\pi r^2 \mathrm{d}r$，

则将所计算点的质量微元从地心一直积到观测点的矢径 r 处有

$$m = \int_0^r \mathrm{d}m = \int_0^r \rho 4\pi r^2 \mathrm{d}r.$$

则距地心为 r 处的重力加速度 g 为

$$g = \frac{Gm}{r^2} = \frac{G}{r^2}\int_0^r \rho 4\pi r^2 \mathrm{d}r.$$

若地球是成层均匀的，则底部为 R_1，顶部为 R_2 的密度均匀层的质量为

$$\Delta m = \int_{R_1}^{R_2} \rho 4\pi r^2 \mathrm{d}r = \frac{4}{3}\rho\pi r^3 \Big|_{R_1}^{R_2} = \frac{4}{3}\rho\pi(R_2^3 - R_1^3).$$

2. 射线方程

下面求震源在地表的地震射线走过的距离。由于介质的对称性，射线应该在通过球心的平面内，用平面极坐标 r, θ 来表达射线方程。

设 E 为震源，S 为台站，A 为射线上任何一点，OA 为向径 r，考虑射线上非常相近的两点 A，B，令 $AB = \mathrm{d}s$，OB 为 r 和 $\mathrm{d}r$ 之和。

如图 5–14 所示，把 ABC 看作近似直角三角形，有 $\sin i = \dfrac{r\mathrm{d}\theta}{\mathrm{d}s}$，$\cos i = \dfrac{\mathrm{d}r}{\mathrm{d}s}$，消去 $\mathrm{d}s$ 得，$\mathrm{d}\theta = \dfrac{\sin i}{\cos i}\dfrac{\mathrm{d}r}{r}$. 根据球层介质中的 Snell 定律有 $\sin i = \dfrac{pv}{r}$，$\cos i = \sqrt{1-\sin^2 i} = \sqrt{1-\left(\dfrac{pv}{r}\right)^2}$，则有

$$\mathrm{d}\theta = \frac{\sin i}{\cos i}\frac{\mathrm{d}r}{r} = \frac{p}{r\sqrt{\dfrac{r^2}{v^2}-p^2}}\mathrm{d}r.$$

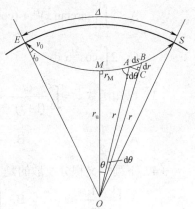

图 5–14 射线路径示意图

此式是对图 5–14 的右侧射线路径（射线最低点至台站之间）进行的计算，如果对于图 5–14 的左侧（震源到射线最低点之间）路径的计算，需要加负号，写成统一的形式为

$$\mathrm{d}\theta = \pm\frac{p}{r\sqrt{\dfrac{r^2}{v^2}-p^2}}\mathrm{d}r.$$

这就是震中距的微元形式。

对上式积分可以得到从地球半径 r_{i+1} 到 r_i 的第 i 层内射线所走过的震中距

$$\theta_i = \pm\int_{r_{i+1}}^{r_i} \frac{p}{r\sqrt{\dfrac{r^2}{v^2}-p^2}}\mathrm{d}r.$$

下面求地震波由 A 传到 B 所需的时间，根据图 5–14 给出的微元，有

$$\mathrm{d}t = \frac{\mathrm{d}s}{v}, \quad \mathrm{d}s = \frac{\mathrm{d}r}{\cos i}, \quad \cos i = \sqrt{1-\left(\frac{pv}{r}\right)^2},$$

则走时的微元 $dt = \pm \dfrac{r\,dr}{v^2\sqrt{\dfrac{r^2}{v^2}-p^2}}$，因此，走时为 $t_i = \pm \int_{r_{i+1}}^{r_i} \dfrac{r\,dr}{v^2\sqrt{\dfrac{r^2}{v^2}-p^2}}$.

本 章 习 题

1. 选择题

（1）设 $f(x) = \int_0^{1-\cos x} \sin t^2\,dt$，$g(x) = \dfrac{x^5}{5} + \dfrac{x^6}{6}$，则当 $x \to 0$ 时，$f(x)$ 是 $g(x)$ 的（　　）.

    A. 低阶无穷小   B. 高阶无穷小

    C. 等价无穷小   D. 同阶但不等价无穷小

（2）利用定积分的有关性质可以得出定积分 $\int_{-1}^{1}\left[(\arctan x)^{11} + (\cos x)^{21}\right]dx =$（　　）.

    A. $2\int_0^1 \left[(\arctan x)^{11} + (\cos x)^{21}\right]dx$ B. 0

    C. $2\int_0^1 \cos^{21} x\,dx$ D. 2

（3）已知函数 $y = \int_0^x \dfrac{dt}{(1+t)^2}$，则 $y''(1) = $（　　）.

    A. $-\dfrac{1}{2}$ B. $-\dfrac{1}{4}$ C. $\dfrac{1}{4}$ D. $\dfrac{1}{2}$

（4）下列广义积分发散的是（　　）.

    A. $\int_{-1}^1 \dfrac{1}{\sin x}dx$ B. $\int_{-1}^1 \dfrac{1}{\sqrt{1-x^2}}dx$ C. $\int_0^{+\infty} e^{-x^2}dx$ D. $\int_2^{+\infty} \dfrac{1}{x\ln^2 x}dx$

（5）设 $I_1 = \int_0^{\frac{\pi}{4}} \dfrac{\tan x}{x}dx$，$I_2 = \int_0^{\frac{\pi}{4}} \dfrac{x}{\tan x}dx$，则（　　）.

    A. $I_1 > I_2 > 1$ B. $1 > I_1 > I_2$ C. $I_2 > I_1 > 1$ D. $1 > I_2 > I_1$

2. 填空题

（1）$\int_{-1}^1 (|x|+x)e^{-|x|}dx = $ _____.

（2）$\int_{-3}^3 (\sin^5 x + 3x^2)dx = $ _____.

（3）设 $f(x)$ 是连续函数，$F(x) = \int_{x^2}^{e^2} f(t)\,dt$，则 $F'(0) = $ _____.

（4）已知 $f(0) = 1$，$f(2) = 3$，$f'(2) = 5$，则 $\int_0^2 x f''(x)dx = $ _____.

(5) 设 $f(x)=\begin{cases} xe^{x^2} & -\dfrac{1}{2}\leqslant x<\dfrac{1}{2} \\ -1 & x\geqslant \dfrac{1}{2} \end{cases}$，则 $\int_{\frac{1}{2}}^{2} f(x-1)\,\mathrm{d}x = \underline{\qquad}$.

3. 计算题

1）计算下列极限.

(1) $\displaystyle\lim_{x\to 0}\frac{\int_0^x \ln(1+t)\,\mathrm{d}t}{\tan^2 x}$；(2) $\displaystyle\lim_{x\to 0}\frac{\int_0^{x^2} e^t\,\mathrm{d}t}{x^2}$；(3) $\displaystyle\lim_{x\to 0}\frac{\left(\int_0^x \sin t^2\,\mathrm{d}t\right)^2}{\int_0^x t^3\sin t^2\,\mathrm{d}t}$.

2）计算下列积分.

(1) $\displaystyle\int_0^{2\pi}|\sin x|\,\mathrm{d}x$；(2) $\displaystyle\int_0^{\sqrt{2}}\sqrt{2-x^2}\,\mathrm{d}x$；(3) $\displaystyle\int_1^4 \frac{1}{1+\sqrt{x}}\,\mathrm{d}x$；

(4) $\displaystyle\int_0^1 x\arctan x\,\mathrm{d}x$；(5) $\displaystyle\int_{-\frac{1}{2}}^{\frac{1}{2}}\frac{1+x\cos x}{\sqrt{1-x^2}}\,\mathrm{d}x$；(6) $\displaystyle\int_{\pi/4}^{\pi/3}\frac{x}{\sin^2 x}\,\mathrm{d}x$.

3）求曲线 $y=\sqrt{x}$、$y=0$ 和 $x=4$ 所围成的图形的面积.

4）设 D_1 是由抛物线 $y=2x^2$ 和直线 $x=a$、$x=2$ 及 $y=0$ 所围成的平面区域；D_2 是由抛物线 $y=2x^2$ 和直线 $x=a$ 及 $y=0$ 所围成的平面区域，其中 $0<a<2$.

(1) 试求 D_1 绕 x 轴旋转而成的旋转体体积 V_1，D_1 绕 y 轴旋转而成的旋转体体积 V_2；

(2) 问当 a 为何值时，V_1+V_2 取得最大值？并求此最大值.

第6章 微分方程

6.1 微分方程的基本概念

函数是客观事物的内部联系在数量方面的反映,利用函数关系又可以对客观事物的规律性进行研究.因此,如何寻找出所需要的函数关系,在实践中具有重要意义.在许多问题中,往往不能直接找出所需要的函数关系,但是根据问题所提供的情况,有时可以列出含有要找的函数及其导数的关系式.这样的关系就是所谓的微分方程.微分方程建立以后,对它进行研究,找出未知函数来,这就是解微分方程.

例 6–1 一曲线通过点(1, 2),且在该曲线上任一点 $M(x, y)$ 处的切线的斜率为 $2x$,求该曲线的方程.

解 设所求曲线的方程为 $y=y(x)$.根据导数的几何意义,可知未知函数 $y=y(x)$ 应满足关系式 $\dfrac{dy}{dx}=2x$ 及下列条件:$y|_{x=1}=2$.

两端取不定积分,得 $y=\int 2x dx$,即 $y=x^2+C$,其中 C 是任意常数.把条件 $y|_{x=1}=2$ 代入 $y=x^2+C$,得 $C=1$.因此,所求曲线方程(称为微分方程满足条件 $y|_{x=1}=2$ 的解)为 $y=x^2+1$.

例 6–2 列车在平直线路上以 20 m/s(相当于 72 km/h)的速度行驶,当制动时列车获得加速度 -0.4 m/s².问开始制动后多长时间列车才能停住,以及列车在这段时间里行驶了多少路程?

解 设列车在开始制动后 t 秒时行驶了 s 米.根据题意,反映制动阶段列车运动规律的函数 $s=s(t)$ 应满足关系式 $\dfrac{d^2s}{dt^2}=-0.4$.此外,未知函数 $s=s(t)$ 还应满足下列条件:$s|_{t=0}=0$,$s'|_{t=0}=20$.两端积分得,$v=\dfrac{ds}{dt}=-0.4t+C_1$;两端再积分一次,得 $s=-0.2t^2+C_1t+C_2$,这里 C_1,C_2 都是任意常数.

把条件 $v|_{t=0}=20$ 和 $s|_{t=0}=0$ 代入上面两个式子,得 $C_1=20$,$C_2=0$.

把 C_1,C_2 的值代入公式,有 $v=-0.4t+20$,$s=-0.2t^2+20t$.

令 $v=0$,得到列车从开始制动到完全停住所需的时间:$t=\dfrac{20}{0.4}=50$ (s).

则列车在制动阶段行驶的路程为:$s=-0.2\times 50^2+20\times 50=500$ (m).

微分方程:含有未知函数的导数或微分的方程,叫微分方程.
常微分方程:未知函数是一元函数的微分方程,叫常微分方程.
偏微分方程:未知函数是多元函数的微分方程,叫偏微分方程.
微分方程的阶:微分方程中所出现的未知函数的最高阶导数的阶数,叫微分方程的阶.

例如，$x^3y''' + x^2y'' - 4xy' = 3x^2$ 是三阶微分方程，$y^{(4)} - 4y''' + 10y'' - 12y' + 5y = \sin 2x$ 是四阶微分方程，$y^{(n)} + 1 = 0$ 是 n 阶微分方程.

n 阶微分方程的一般形式：$F(x,y,y',\cdots,y^{(n)}) = 0$ 或 $y^{(n)} = f(x,y,y',\cdots,y^{(n-1)})$.

微分方程的解：满足微分方程的函数（把函数代入微分方程能使该方程成为恒等式）叫作该微分方程的解. 确切地说，设函数 $y = \varphi(x)$ 在区间 I 上有 n 阶连续导数，如果在区间 I 上，
$$F(x,\varphi(x),\varphi'(x),\cdots,\varphi^{(n)}(x)) = 0,$$
那么函数 $y = \varphi(x)$ 就叫作微分方程 $F(x,y,y',\cdots,y^{(n)}) = 0$ 在区间 I 上的解.

通解：如果微分方程的解中含有任意常数，且任意常数的个数与微分方程的阶数相同，这样的解叫作微分方程的通解.

初始条件：用于确定通解中任意常数的条件，称为初始条件. 一般写成
$$y\big|_{x=x_0} = y_0,\ y'\big|_{x=x_0} = y_1,\cdots,y^{(n)}\big|_{x=x_0} = y_n,\cdots.$$

特解：确定了通解中的任意常数以后，就得到微分方程的特解，即不含任意常数的解.

初值问题：求微分方程满足初始条件的特解问题称为初值问题.

如求微分方程 $y' = f(x,y)$ 满足初始条件 $y\big|_{x=x_0} = y_0$ 的解的问题，即为初值问题
$$\begin{cases} y' = f(x,y) \\ y\big|_{x=x_0} = y_0 \end{cases}.$$

积分曲线：微分方程的解的图形是一族曲线，叫作微分方程的积分曲线，如图 6-1 所示.

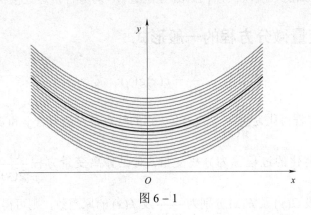

图 6-1

例 6-3 验证：函数 $x = C_1\cos kt + C_2\sin kt$ 是微分方程 $\dfrac{d^2x}{dt^2} + k^2x = 0$ 的解.

解 求所给函数的导数：
$$\frac{dx}{dt} = -kC_1\sin kt + kC_2\cos kt,$$
$$\frac{d^2x}{dt^2} = -k^2C_1\cos kt - k^2C_2\sin kt = -k^2(C_1\cos kt + C_2\sin kt).$$

将 $\dfrac{d^2x}{dt^2}$ 及 x 的表达式代入所给方程，得 $-k^2(C_1\cos kt + C_2\sin kt) + k^2(C_1\cos kt + C_2\sin kt) \equiv 0.$

这表明函数 $x = C_1\cos kt + C_2\sin kt$ 满足方程 $\dfrac{d^2x}{dt^2} + k^2 x = 0$，因此，所给函数是所给方程的解.

例 6-4 已知函数 $x = C_1\cos kt + C_2\sin kt$（$k \neq 0$）是微分方程 $\dfrac{d^2x}{dt^2} + k^2 x = 0$ 的通解，求满足初始条件 $x|_{t=0} = A$，$x'|_{t=0} = 0$ 的特解.

解 由条件 $x|_{t=0} = A$ 及 $x = C_1\cos kt + C_2\sin kt$，得 $C_1 = A$.
再由条件 $x'|_{t=0} = 0$ 及 $x'(t) = -kC_1\sin kt + kC_2\cos kt$，得 $C_2 = 0$.
把 C_1、C_2 的值代入 $x = C_1\cos kt + C_2\sin kt$ 中，得 $x = A\cos kt$.

6.2 可分离变量的微分方程

观察与分析

引例 6-1 求微分方程 $y' = 2x$ 的通解.

解 把方程两边积分，得 $y = x^2 + C$.

一般地，方程 $y' = f(x)$ 的通解为 $y = \int f(x)dx + C$（此处积分后不再加任意常数）.

引例 6-2 求微分方程 $y' = 2xy$ 的通解.

解 因为 y 是未知的，所以积分 $\int 2xy \, dx$ 无法进行. 对方程两边直接积分不能求出通解.

6.2.1 可分离变量微分方程的一般形式

$$\frac{dy}{dx} = f(x)g(y).$$

当 $g(y) \neq 0$ 时，方程可化为 $\dfrac{dy}{g(y)} = f(x)dx$. 它的特点是左边只含 y 和 dy，右边只含 x 的已知函数和 dx. 这步转化的过程称为分离变量. 对已分离变量方程 $\dfrac{dy}{g(y)} = f(x)dx$ 两边积分 $\int \dfrac{dy}{g(y)} = \int f(x)dx$，设 $G(y)$ 及 $F(x)$ 分别为 $\dfrac{1}{g(y)}$ 及 $f(x)$ 的原函数，则可得 $G(y) = F(x) + C$，C 为任意常数.

可以证明由方程 $G(y) = F(x) + C$ 确定的隐函数 $y = y(x)$ 为可分离变量方程 $\dfrac{dy}{dx} = f(x)g(y)$ 的解，因此，二元方程 $G(y) = F(x) + C$ 称为该微分方程的隐式通解.

6.2.2 可分离变量的微分方程的解法

第一步 分离变量，将方程写成 $g(y)dy = f(x)dx$ 的形式；
第二步 两端积分：$\int g(y)dy = \int f(x)dx$，设积分后得 $G(y) = F(x) + C$；

第三步 求出由 $G(y)=F(x)+C$ 所确定的隐函数 $y=\Phi(x)$ 或 $x=\Psi(y)$. 则 $G(y)=F(x)+C$, $y=\Phi(x)$ 或 $x=\Psi(y)$ 都是方程的通解,其中 $G(y)=F(x)+C$ 称为隐式(通)解.

例 6-5 求微分方程 $\dfrac{dy}{dx}=2xy$ 的通解.

解 此方程为可分离变量方程,分离变量得 $\dfrac{1}{y}dy=2xdx$,

两边积分得 $\int \dfrac{1}{y}dy=\int 2xdx$,即 $\ln|y|=x^2+C_1$,从而 $y=\pm e^{x^2+C_1}=\pm e^{C_1}e^{x^2}$.

因为 $\pm e^{C_1}$ 是任意非零常数,又 $y=0$ 也是所给方程的解,便得所给方程的通解 $y=Ce^{x^2}$.

例 6-6 铀的衰变速度与当时未衰变的原子的含量 M 成正比. 已知当 $t=0$ 时铀的含量为 M_0,求在衰变过程中铀含量 $M(t)$ 随时间 t 变化的规律.

解 铀的衰变速度就是 $M(t)$ 对时间 t 的导数 $\dfrac{dM}{dt}$.

由于铀的衰变速度与其含量成正比,故得微分方程 $\dfrac{dM}{dt}=-\lambda M$,其中 λ($\lambda>0$)是常数, λ 前的负号表示当 t 增加时 M 单调减少,即 $\dfrac{dM}{dt}<0$.

由题意,初始条件为 $M|_{t=0}=M_0$. 将方程分离变量得 $\dfrac{dM}{M}=-\lambda dt$,考虑到 $M>0$,

两边积分,得 $\int \dfrac{dM}{M}=\int (-\lambda)dt$,即 $\ln M=-\lambda t+\ln C$,也即 $M=Ce^{-\lambda t}$.

由初始条件,得 $M_0=Ce^0=C$,所以铀含量 $M(t)$ 随时间 t 变化的规律为 $M=M_0e^{-\lambda t}$.

6.3 齐次方程

如果函数 $f(x,y)$ 满足 $f(tx,ty)=f(x,y)$,则称 $f(x,y)$ 为齐次函数. 此时方程 $\dfrac{dy}{dx}=f(x,y)$ 称为齐次方程. 如 $\dfrac{dy}{dx}=\dfrac{y^2}{xy-x^2}$ 为齐次方程.

对于齐次函数,可以将其变形为 $\dfrac{y}{x}$ 的函数,即 $f(x,y)=\varphi\left(\dfrac{y}{x}\right)$. 因此,齐次方程 $\dfrac{dy}{dx}=f(x,y)$ 可变形为 $\dfrac{dy}{dx}=\varphi\left(\dfrac{y}{x}\right)$,如 $\dfrac{dy}{dx}=\dfrac{y^2}{xy-x^2}$ 可变形为 $\dfrac{dy}{dx}=\dfrac{(y/x)^2}{y/x-1}$.

6.3.1 齐次方程的一般形式

齐次方程的一般形式为 $\dfrac{dy}{dx}=\varphi\left(\dfrac{y}{x}\right)$.

6.3.2 齐次方程的解法

在齐次方程 $\dfrac{dy}{dx} = \varphi\left(\dfrac{y}{x}\right)$ 中，令 $u = \dfrac{y}{x}$，即 $y = ux$，有 $u + x\dfrac{du}{dx} = \varphi(u)$，分离变量，得 $\dfrac{du}{\varphi(u) - u} = \dfrac{dx}{x}$，两端积分，得 $\displaystyle\int \dfrac{du}{\varphi(u) - u} = \int \dfrac{dx}{x}$.

求出积分后，再用 $\dfrac{y}{x}$ 代替 u，便得所给齐次方程的通解.

例 6 – 7 解方程 $y^2 + x^2 \dfrac{dy}{dx} = xy\dfrac{dy}{dx}$.

解 原方程可写成 $\dfrac{dy}{dx} = \dfrac{y^2}{xy - x^2} = \dfrac{\left(\dfrac{y}{x}\right)^2}{\dfrac{y}{x} - 1}$，因此，原方程是齐次方程. 令 $\dfrac{y}{x} = u$，则 $y = ux$，$\dfrac{dy}{dx} = u + x\dfrac{du}{dx}$，于是原方程变为 $u + x\dfrac{du}{dx} = \dfrac{u^2}{u - 1}$，即 $x\dfrac{du}{dx} = \dfrac{u}{u - 1}$，分离变量，得 $\left(1 - \dfrac{1}{u}\right)du = \dfrac{dx}{x}$，两边积分，得 $u - \ln|u| + C = \ln|x|$，或写成 $\ln|xu| = u + C$.

以 $\dfrac{y}{x}$ 代上式中的 u，便得所给方程的通解 $\ln|y| = \dfrac{y}{x} + C$.

例 6 – 8 有旋转曲面形状的凹镜，假设由旋转轴上一点 O 发出的一切光线经此凹镜反射后都与旋转轴平行. 求该旋转曲面的方程（见图 6 – 2）.

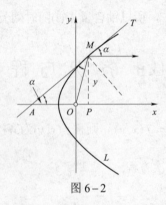

图 6 – 2

解 设此凹镜是由 xOy 面上曲线 $L: y = y(x)$ ($y > 0$) 绕 x 轴旋转而成的，光源在原点. 在 L 上任取一点 $M(x, y)$，作 L 的切线，交 x 轴于 A 点. 由点 O 发出的光线经点 M 反射后是一条平行于 x 轴的射线. 由光学及几何原理可以证明 $OA = OM$.

因为 $OA = AP - OP = PM \cot\alpha - OP = \dfrac{y}{y'} - x$，而 $OM = \sqrt{x^2 + y^2}$，于是得微分方程 $\dfrac{y}{y'} - x = \sqrt{x^2 + y^2}$，整理得 $\dfrac{dx}{dy} = \dfrac{x}{y} + \sqrt{\left(\dfrac{x}{y}\right)^2 + 1}$，这是齐次方程.

问题归结为解齐次方程 $\dfrac{\mathrm{d}x}{\mathrm{d}y}=\dfrac{x}{y}+\sqrt{\left(\dfrac{x}{y}\right)^2+1}$，令 $\dfrac{x}{y}=v$，即 $x=yv$，得 $v+y\dfrac{\mathrm{d}v}{\mathrm{d}y}=v+\sqrt{v^2+1}$，即 $y\dfrac{\mathrm{d}v}{\mathrm{d}y}=\sqrt{v^2+1}$，分离变量，得 $\dfrac{\mathrm{d}v}{\sqrt{v^2+1}}=\dfrac{\mathrm{d}y}{y}$，两边积分，得 $\ln(v+\sqrt{v^2+1})=\ln y-\ln C$，整理得 $\dfrac{y^2}{C^2}-\dfrac{2yv}{C}=1$，以 $yv=x$ 代入上式，得 $y^2=2C\left(x+\dfrac{C}{2}\right)$.

这是以 x 轴为轴、焦点在原点的抛物线，它绕 x 轴旋转所得旋转曲面的方程为

$$y^2+z^2=2C\left(x+\dfrac{C}{2}\right).$$

齐次方程是通过变量代换化为可分离变量的方程来求解. 变量代换是求解微分方程常用的方法. 有些非齐次方程同样也可以通过变量代换求解.

例 6 – 9 解方程 $\dfrac{\mathrm{d}y}{\mathrm{d}x}=\dfrac{1}{x+y}$.

解 令 $x+y=u$，$\dfrac{\mathrm{d}y}{\mathrm{d}x}=\dfrac{\mathrm{d}u}{\mathrm{d}x}-1$，从而原方程可变形为 $\dfrac{\mathrm{d}u}{\mathrm{d}x}=\dfrac{u+1}{u}$，分离变量后积分 $\displaystyle\int\left(1-\dfrac{1}{u+1}\right)\mathrm{d}u=\int\mathrm{d}x$，得 $u-\ln|u+1|=x+C$，将 $u=x+y$ 代回，得原方程的通解 $x+y-\ln|x+y+1|=C$.

6.4 一阶线性微分方程

观察方程：$y'-\dfrac{1}{x}y=x^2$.

该方程的特点是只含未知函数及其导数的一次项，其他地方都是已知函数. 将这种方程称为一阶线性微分方程.

6.4.1 一阶线性微分方程的标准形式

$$\dfrac{\mathrm{d}y}{\mathrm{d}x}+P(x)y=Q(x),$$

如果 $Q(x)\equiv 0$，则该方程称为齐次线性方程；
如果 $Q(x)\neq 0$，则该方程称为非齐次线性方程.

例 6 – 10 判断下列方程的类型.（1）$(x-2)\dfrac{\mathrm{d}y}{\mathrm{d}x}=y$；（2）$y'+y\cos x=\mathrm{e}^{-\sin x}$；（3）$\dfrac{\mathrm{d}y}{\mathrm{d}x}=10^{x+y}$.

解 （1）该方程可变形为 $\dfrac{\mathrm{d}y}{\mathrm{d}x}-\dfrac{1}{x-2}y=0$，因此是齐次线性方程.

（2）该方程是非齐次线性方程.

（3）该方程不是线性方程.

以下在求解过程中积分号都不再加任意常数.

6.4.2 齐次线性方程的解法

齐次线性方程 $\dfrac{dy}{dx} + P(x)y = 0$ 是可分离变量的微分方程. 分离变量得 $\dfrac{dy}{y} = -P(x)dx$, 两边积分, 得 $\ln|y| = -\int P(x)dx + C_1$, 从而方程的通解为

$$y = Ce^{-\int P(x)dx} \quad (C = \pm e^{C_1}). \tag{6-1}$$

例 6 – 11 求方程 $(x-2)\dfrac{dy}{dx} = y$ 的通解.

解 该方程可变形为 $\dfrac{dy}{dx} - \dfrac{1}{x-2}y = 0$, 其中 $p(x) = -\dfrac{1}{x-2}$, 其通解为

$$y = Ce^{-\int P(x)dx} = Ce^{\int \frac{1}{x-2}dx} = C(x-2), \quad C \text{ 为任意常数}.$$

6.4.3 非齐次线性方程的解法

法一 积分因子法: 非齐次线性微分方程 $\dfrac{dy}{dx} + P(x)y = Q(x)$ 的两端同乘 $e^{\int P(x)dx}$, 得

$$e^{\int p(x)dx}\dfrac{dy}{dx} + e^{\int p(x)dx}P(x)y = Q(x)e^{\int p(x)dx}, \quad 即 \ (e^{\int p(x)dx}y)' = Q(x)e^{\int p(x)dx},$$

因此, 方程的通解为

$$y = \left(\int Q(x)e^{\int p(x)dx}dx + C\right)e^{-\int p(x)dx}. \tag{6-2}$$

比较非齐次线性方程与其对应的齐次线性方程的通解公式 (6-1) 与式 (6-2), 二者只相差一个因子, 这就产生了一种解法——常数变易法.

法二 常数变易法: 将对应齐次线性方程通解中的常数换成待定求解的未知函数 $u(x)$, 把

$$y = u(x)e^{-\int P(x)dx}$$

设成非齐次线性方程的通解, 代入非齐次线性方程得

$$u'(x)e^{-\int P(x)dx} - u(x)e^{-\int P(x)dx}P(x) + P(x)u(x)e^{-\int P(x)dx} = Q(x),$$

化简得 $u'(x) = Q(x)e^{\int P(x)dx}$, $u(x) = \int Q(x)e^{\int P(x)dx}dx + C$, 于是非齐次线性方程的通解为

$$y = e^{-\int P(x)dx}\left[\int Q(x)e^{\int P(x)dx}dx + C\right].$$

例 6 – 12 求方程 $\dfrac{dy}{dx} - \dfrac{2y}{x+1} = (x+1)^{\frac{5}{2}}$ 的通解.

解 这是一个非齐次线性方程. 先求对应的齐次线性方程 $\dfrac{dy}{dx} - \dfrac{2y}{x+1} = 0$ 的通解.

分离变量得 $\dfrac{dy}{y} = \dfrac{2dx}{x+1}$, 两边积分得 $\ln|y| = 2\ln|x+1| + \ln C_1$, 齐次线性方程的通解为 $y = C(x+1)^2$ $(C = \pm C_1)$.

用常数变易法. 把 C 换成 u, 即令 $y = u \cdot (x+1)^2$, 代入所给非齐次线性方程, 得

$$u' \cdot (x+1)^2 + 2u \cdot (x+1) - \frac{2}{x+1} u \cdot (x+1)^2 = (x+1)^{\frac{5}{2}}, \quad 即 \quad u' = (x+1)^{\frac{1}{2}},$$

两边积分, 得 $u = \frac{2}{3}(x+1)^{\frac{3}{2}} + C$. 因此, 得所求方程的通解为: $y = (x+1)^2 \left[\frac{2}{3}(x+1)^{\frac{3}{2}} + C \right]$.

例 6–13 有一个电路如图 6–3 所示, 其中电源电动势为 $E = E_m \sin \omega t$ (E_m 是常数), 电阻 R 和电感 L 都是常量. 求电流 $i(t)$.

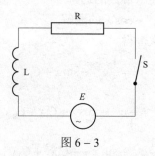

图 6–3

解 由电学知识可知, 当电流变化时, L 上有感应电动势 $-L\dfrac{\mathrm{d}i}{\mathrm{d}t}$. 由回路电压定律得出

$E - L\dfrac{\mathrm{d}i}{\mathrm{d}t} - iR = 0$, 即 $\dfrac{\mathrm{d}i}{\mathrm{d}t} + \dfrac{R}{L} i = \dfrac{E}{L}$. 把 $E = E_m \sin \omega t$ 代入上式, 得 $\dfrac{\mathrm{d}i}{\mathrm{d}t} + \dfrac{R}{L} i = \dfrac{E_m}{L} \sin \omega t$, 初始条件为 $i|_{t=0} = 0$.

方程 $\dfrac{\mathrm{d}i}{\mathrm{d}t} + \dfrac{R}{L} i = \dfrac{E_m}{L} \sin \omega t$ 为非齐次线性方程, 其中 $P(t) = \dfrac{R}{L}$, $Q(t) = \dfrac{E_m}{L} \sin \omega t$.

由通解公式, 得

$$i(t) = \mathrm{e}^{-\int P(t)\mathrm{d}t} \left[\int Q(t) \mathrm{e}^{\int P(t)\mathrm{d}t} \mathrm{d}t + C \right] = \mathrm{e}^{-\int \frac{R}{L} \mathrm{d}t} \left(\int \frac{E_m}{L} \sin \omega t \, \mathrm{e}^{\int \frac{R}{L} \mathrm{d}t} \mathrm{d}t + C \right)$$

$$= \frac{E_m}{L} \mathrm{e}^{-\frac{R}{L} t} \left(\int \sin \omega t \, \mathrm{e}^{\frac{R}{L} t} \mathrm{d}t + C \right) = \frac{E_m}{R^2 + \omega^2 L^2} (R \sin \omega t - \omega L \cos \omega t) + C \mathrm{e}^{-\frac{R}{L} t},$$

其中 C 为任意常数.

将初始条件 $i|_{t=0} = 0$ 代入通解, 得 $C = \dfrac{\omega L E_m}{R^2 + \omega^2 L^2}$, 因此,

$$i(t) = \frac{\omega L E_m}{R^2 + \omega^2 L^2} \mathrm{e}^{-\frac{R}{L} t} + \frac{E_m}{R^2 + \omega^2 L^2} (R \sin \omega t - \omega L \cos \omega t).$$

6.5 可降阶的高阶微分方程

解高阶方程的一个重要的思路就是将其降为低阶的方程来求解. 本节将介绍 3 种可降阶的微分方程.

6.5.1 $y^{(n)}=f(x)$ 型的微分方程

解法：逐次积分

$$y^{(n-1)} = \int f(x)\mathrm{d}x + C_1,$$

$$y^{(n-2)} = \int \left[\int f(x)\mathrm{d}x + C_1\right]\mathrm{d}x + C_2,$$

$$\vdots$$

通过 n 次积分，可得带 n 个任意常数的通解.

例 6 – 14 求微分方程 $y''' = \mathrm{e}^{2x} - \cos x$ 的通解.

解 对所给方程逐次积分 3 次，得

$$y'' = \frac{1}{2}\mathrm{e}^{2x} - \sin x + C_1,$$

$$y' = \frac{1}{4}\mathrm{e}^{2x} + \cos x + C_1 x + C_2,$$

$$y = \frac{1}{8}\mathrm{e}^{2x} + \sin x + \frac{1}{2}C_1 x^2 + C_2 x + C_3.$$

这就是所给方程的通解.

6.5.2 $y'' = f(x, y')$ 型的微分方程

解法：设 $y' = p$，则方程化为 $p' = f(x, p)$.

设 $p' = f(x, p)$ 的通解为 $p = \varphi(x, C_1)$，即 $\dfrac{\mathrm{d}y}{\mathrm{d}x} = \varphi(x, C_1)$.

原方程的通解为 $y = \int \varphi(x, C_1)\mathrm{d}x + C_2$.

例 6 – 15 求微分方程 $(1+x^2)y'' = 2xy'$ 满足初始条件 $y|_{x=0} = 1$，$y'|_{x=0} = 3$ 的特解.

解 所给方程是 $y'' = f(x, y')$ 型的. 设 $y' = p$，代入方程并分离变量后，有 $\dfrac{\mathrm{d}p}{p} = \dfrac{2x}{1+x^2}\mathrm{d}x$.

两边积分，得 $\ln|p| = \ln(1+x^2) + C$，即 $p = y' = C_1(1+x^2)(C_1 = \pm \mathrm{e}^C)$.
由条件 $y'|_{x=0} = 3$，得 $C_1 = 3$，所以 $y' = 3(1+x^2)$. 两边再积分，得 $y = x^3 + 3x + C_2$.
又由条件 $y|_{x=0} = 1$，得 $C_2 = 1$，于是所求方程的特解为 $y = x^3 + 3x + 1$.

6.5.3 $y'' = f(y, y')$ 型的微分方程

解法：设 $y' = p$，有 $y'' = \dfrac{\mathrm{d}p}{\mathrm{d}x} = \dfrac{\mathrm{d}p}{\mathrm{d}y} \cdot \dfrac{\mathrm{d}y}{\mathrm{d}x} = p\dfrac{\mathrm{d}p}{\mathrm{d}y}$. 原方程化为 $p\dfrac{\mathrm{d}p}{\mathrm{d}y} = f(y, p)$.

设方程 $p\dfrac{\mathrm{d}p}{\mathrm{d}y} = f(y, p)$ 的通解为 $y' = p = \varphi(y, C_1)$，则原方程的通解为 $\int \dfrac{\mathrm{d}y}{\varphi(y, C_1)} = x + C_2$.

例 6 – 16 求微分 $yy'' - y'^2 = 0$ 的通解.

解 设 $y' = p$，则 $y'' = p\dfrac{\mathrm{d}p}{\mathrm{d}y}$，代入方程，得 $yp\dfrac{\mathrm{d}p}{\mathrm{d}y} - p^2 = 0$.

在 $y \neq 0$、$p \neq 0$ 时，约去 p 并分离变量，得 $\dfrac{dp}{p} = \dfrac{dy}{y}$。

两边积分得 $\ln|p| = \ln|y| + \ln c$，即 $p = Cy$ 或 $y' = Cy$ ($C = \pm c$)。

再分离变量并两边积分，便得原方程的通解为 $\ln|y| = Cx + \ln c_1$ 或 $y = C_1 e^{Cx}$ ($C_1 = \pm c_1$)。

例 6-17 质量为 m 的质点受力 F 的作用沿 Ox 轴做直线运动。设力 F 仅是时间 t 的函数：$F = F(t)$。在开始时刻 $t = 0$ 时，$F(0) = F_0$，随着时间 t 的增大，此力 F 均匀地减小，直到当 $t = T$ 时，$F(T) = 0$。如果开始时质点位于原点，且初速度为零，求该质点的运动规律（见图 6-4）。

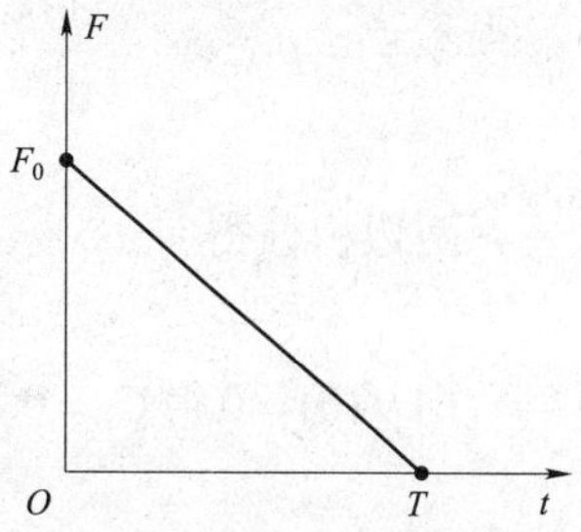

解 设 $x = x(t)$ 表示在时刻 t 时质点的位置，根据牛顿第二定律，质点运动的微分方程为

$$m \dfrac{d^2 x}{dt^2} = F(t).$$

图 6-4

由题设，力 $F(t)$ 随 t 增大而均匀地减小，且当 $t = 0$ 时，$F(0) = F_0$，所以 $F(t) = F_0 - kt$；又当 $t = T$ 时，$F(T) = 0$，从而 $F(t) = F_0\left(1 - \dfrac{t}{T}\right)$，于是质点运动的微分方程又写为 $\dfrac{d^2 x}{dt^2} = \dfrac{F_0}{m}\left(1 - \dfrac{t}{T}\right)$。

其初始条件为 $x|_{t=0} = 0$，$\left.\dfrac{dx}{dt}\right|_{t=0} = 0$。

把微分方程两边积分，得 $\dfrac{dx}{dt} = \dfrac{F_0}{m}\left(t - \dfrac{t^2}{2T}\right) + C_1$

再积分一次，得 $x = \dfrac{F_0}{m}\left(\dfrac{1}{2}t^2 - \dfrac{t^3}{6T}\right) + C_1 t + C_2$。

由初始条件 $x|_{t=0} = 0$，$\left.\dfrac{dx}{dt}\right|_{t=0} = 0$，得 $C_1 = C_2 = 0$。

于是所求质点的运动规律为 $x = \dfrac{F_0}{m}\left(\dfrac{1}{2}t^2 - \dfrac{t^3}{6T}\right)$（$0 \leqslant t \leqslant T$）。

例 6-18 设有一均匀、柔软的绳索，两端固定，绳索仅受重力的作用而下垂。试问该绳索在平衡状态时是怎样的曲线？

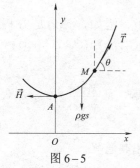

图 6-5

解 取坐标系如图 6-5 所示，考察最低点 A 到任一点 $M(x, y)$ 的弧段的受力情况。A 点受水平张力 $\vec{H}$，M 点受切向张力 $\vec{T}$，弧段重力大小为 $\rho g s$，ρ 为密度，s 为弧长，按静力平衡条件，有

$$T\cos\theta = H, \quad T\sin\theta = \rho g s.$$

两式相除得 $\tan\theta = \dfrac{1}{\alpha}s$，其中 $\alpha = \dfrac{H}{\rho g}$。

根据导数的几何意义和弧长的计算公式有 $y' = \dfrac{1}{\alpha}\displaystyle\int_0^x \sqrt{1 + (y')^2}\, dx$。

两边求导，得 $y'' = \dfrac{1}{\alpha}\sqrt{1+(y')^2}$.

设 $|OA| = a$，则有初值问题：$\begin{cases} y'' = \dfrac{1}{\alpha}\sqrt{1+(y')^2} \\ y(0) = a, y'(0) = 0 \end{cases}$.

令 $y' = p$，$y'' = \dfrac{\mathrm{d}p}{\mathrm{d}x}$，原方程化为 $\dfrac{1}{\sqrt{1+p^2}}\mathrm{d}p = \dfrac{1}{\alpha}\mathrm{d}x$.

两边积分得 $\ln(p+\sqrt{1+p^2}) = \dfrac{1}{\alpha}x + C_1$，即 $\mathrm{arsh}\,p = \dfrac{1}{\alpha}x + C_1$.

由 $y'(0) = 0$ 得 $C_1 = 0$，从而有 $y' = \mathrm{sh}\left(\dfrac{1}{\alpha}x\right)$，两边积分得 $y = \alpha\,\mathrm{ch}\left(\dfrac{1}{\alpha}x\right) + C_2$.

将 $y(0) = a$ 代入得 $C_2 = 0$，故所求绳索的形状为 $y = \dfrac{\alpha}{2}\left(\mathrm{e}^{\frac{x}{\alpha}} + \mathrm{e}^{-\frac{x}{\alpha}}\right)$.

6.6 二阶常系数线性微分方程

6.6.1 二阶常系数线性微分方程的一般形式

形如 $y'' + py' + qy = f(x)$ 的微分方程叫作二阶常系数线性非齐次微分方程，其中 y''、y'、y 都是一次的，p、q 均为常数，$f(x)$ 是 x 的已知连续函数，$f(x)$ 叫作自由项.

如果 $f(x) \equiv 0$，则 $y'' + py' + qy = 0$ 叫作二阶常系数齐次线性微分方程.

6.6.2 二阶常系数线性微分方程的解的结构

定理 6-1 如果函数 $y_1(x)$ 与 $y_2(x)$ 是二阶常系数齐次线性方程 $y'' + py' + qy = 0$ 的两个解，那么 $y = C_1 y_1(x) + C_2 y_2(x)$ 也是方程的解，其中 C_1、C_2 是任意常数.

证 $[C_1 y_1 + C_2 y_2]' = C_1 y_1' + C_2 y_2'$，$[C_1 y_1 + C_2 y_2]'' = C_1 y_1'' + C_2 y_2''$.

因为 y_1 与 y_2 是方程 $y'' + P(x)y' + Q(x)y = 0$ 的两个解，所以有 $y_1'' + py_1' + qy_1 = 0$ 及 $y_2'' + py_2' + qy_2 = 0$，从而
$$[C_1 y_1 + C_2 y_2]'' + p[C_1 y_1 + C_2 y_2]' + q[C_1 y_1 + C_2 y_2] = C_1[y_1'' + py_1' + qy_1] + C_2[y_2'' + py_2' + qy_2] = 0 + 0 = 0.$$

这就证明了 $y = C_1 y_1(x) + C_2 y_2(x)$ 也是方程 $y'' + py' + qy = 0$ 的解.

但是在定理 6-1 中，$y = C_1 y_1(x) + C_2 y_2(x)$ 不一定是方程的通解. 例如，$y_1(x)$ 是方程 $y'' + py' + qy = 0$ 的解，$y_2(x) = 2y_1(x)$ 也是方程的解，但是 $y = C_1 y_1(x) + C_2 y_2(x) = (C_1 + 2C_2)y_1(x) = Cy_1(x)$ 并不是方程的通解，因为本质上该解只含一个任意常数.

定理 6-2 如果函数 $y_1(x)$ 与 $y_2(x)$ 是方程 $y'' + py' + qy = 0$ 的两个解，且 $\dfrac{y_1(x)}{y_2(x)} \neq C$，那么 $y = C_1 y_1(x) + C_2 y_2(x)$（$C_1$、$C_2$ 是任意常数）是方程的通解.

例 6-19 验证 $y_1 = \cos x$ 与 $y_2 = \sin x$ 是方程 $y'' + y = 0$ 的解，并写出其通解.

解 因为 $y_1'' + y_1 = -\cos x + \cos x = 0$，$y_2'' + y_2 = -\sin x + \sin x = 0$，所以 $y_1 = \cos x$ 与 $y_2 = \sin x$ 都

是方程的解. $\dfrac{y_2(x)}{y_1(x)}=\tan x\neq C$，因此，方程的通解为 $y=C_1\cos x+C_2\sin x$.

定理 6–3 设 $y^*(x)$ 是二阶非齐次线性方程 $y''+py'+qy=f(x)$ 的一个特解，$Y(x)$ 是对应的齐次方程 $y''+py'+qy=0$ 的通解，那么 $y=Y(x)+y^*(x)$ 是二阶非齐次线性微分方程的通解.

证 $[Y(x)+y^*(x)]''+P(x)[Y(x)+y^*(x)]'+Q(x)[Y(x)+y^*(x)]$
$=[Y''+P(x)Y'+Q(x)Y]+[y^{*''}+P(x)y^{*'}+Q(x)y^*]=0+f(x)=f(x)$，

且 $Y(x)$ 含两个任意常数，因此，$y=Y(x)+y^*(x)$ 是二阶非齐次线性方程 $y''+py'+qy=f(x)$ 的通解.

例 6–20 $Y=C_1\cos x+C_2\sin x$ 是齐次方程 $y''+y=0$ 的通解，$y^*=x^2-2$ 是 $y''+y=x^2$ 的一个特解，因此，$y=C_1\cos x+C_2\sin x+x^2-2$ 是方程 $y''+y=x^2$ 的通解.

定理 6–4 设非齐次线性微分方程 $y''+P(x)y'+Q(x)y=f(x)$ 的右端 $f(x)$ 是几个函数之和，如 $y''+py'+qy=f_1(x)+f_2(x)$，而 $y_1^*(x)$ 与 $y_2^*(x)$ 分别是方程 $y''+py'+qy=f_1(x)$ 与 $y''+py'+qy=f_2(x)$ 的特解，那么 $y_1^*(x)+y_2^*(x)$ 就是原方程的特解.

证 因 $y_1^*(x)$ 与 $y_2^*(x)$ 分别是方程 $y''+py'+qy=f_1(x)$ 与 $y''+py'+qy=f_2(x)$ 的特解，则
$[y_1^*+y_2^*]''+p[y_1^*+y_2^*]'+q[y_1^*+y_2^*]=[y_1^{*''}+py_1^{*'}+qy_1^*]+[y_2^{*''}+py_2^{*'}+qy_2^*]=f_1(x)+f_2(x)$.

即 $y_1^*(x)+y_2^*(x)$ 是 $y''+py'+qy=f_1(x)+f_2(x)$ 的解.

6.7 二阶常系数齐次线性微分方程

1. 二阶常系数齐次线性微分方程

方程 $y''+py'+qy=0$ 称为二阶常系数齐次线性微分方程，其中 p、q 均为常数.

根据线性方程解的结构，如果 y_1、y_2 是二阶常系数齐次线性微分方程的两个解，且 $\dfrac{y_2}{y_1}\neq C$，那么 $y=C_1y_1+C_2y_2$ 就是它的通解.

由于 $y=e^{rx}$ 与它的各阶导数只相差一个常数，因此，推测二阶常系数齐次线性微分方程具有形如 $y=e^{rx}$ 的解. 为此将 $y=e^{rx}$ 代入方程 $y''+py'+qy=0$ 得 $(r^2+pr+q)e^{rx}=0$.

由此可见，只要 r 满足代数方程 $r^2+pr+q=0$，函数 $y=e^{rx}$ 就是微分方程的解.

特征方程：方程 $r^2+pr+q=0$ 叫作微分方程 $y''+py'+qy=0$ 的特征方程. 特征方程的两个根 r_1、r_2 称为特征根，可用公式 $r_{1,2}=\dfrac{-p\pm\sqrt{p^2-4q}}{2}$ 求出.

2. 特征根与通解的关系

（1）当 $p^2-4q>0$ 时，特征方程有两个不相等的实根 r_1、r_2，则微分方程有两个线性无关的解：$y_1=e^{r_1x}$、$y_2=e^{r_2x}$，这是因为函数 $y_1=e^{r_1x}$、$y_2=e^{r_2x}$ 是方程的解，且 $\dfrac{y_1}{y_2}=\dfrac{e^{r_1x}}{e^{r_2x}}=e^{(r_1-r_2)x}$ 不是常数. 因此，方程的通解为 $y=C_1e^{r_1x}+C_2e^{r_2x}$.

（2）当 $p^2-4q=0$ 时，特征方程有两个相等的实根 $r_1=r_2=\dfrac{-P}{2}$，则方程有一个特解 $y_1=e^{r_1x}$. 设 $y_2=u(x)e^{r_1x}$ 是二阶常系数齐次线性微分方程的另一个特解，代入方程得

$e^{r_1 x}[(u'' + 2r_1 u' + r_1^2 u) + p(u' + r_1 u) + qu] = 0$，即 $u'' + (2r_1 + p)u' + (r_1^2 + pr_1 + q)u = 0$.

因为 r_1 是二重特征根，因此，$2r_1 + p = 0$，$r_1^2 + pr_1 + q = 0$，由此 $u'' = 0$.

取 $u(x) = x$，则方程的另一个特解为 $y_2 = xe^{r_1 x}$. 则方程的通解为 $y = C_1 e^{r_1 x} + C_2 x e^{r_1 x}$.

（3）当 $p^2 - 4q < 0$ 时，方程有一对共轭特征根 $r_{1,2} = \alpha \pm i\beta$，函数 $y = e^{(\alpha + i\beta)x}$、$y = e^{(\alpha - i\beta)x}$ 是微分方程的两个线性无关的复数形式的解. 由欧拉公式，得

$$y_1 = e^{(\alpha + i\beta)x} = e^{\alpha x}(\cos\beta x + i\sin\beta x), y_2 = e^{(\alpha - i\beta)x} = e^{\alpha x}(\cos\beta x - i\sin\beta x),$$

$$\frac{1}{2}(y_1 + y_2) = e^{\alpha x}\cos\beta x, \quad \frac{1}{2i}(y_1 - y_2) = e^{\alpha x}\sin\beta x.$$

故 $y_1^* = e^{\alpha x}\cos\beta x$，$y_2^* = e^{\alpha x}\sin\beta x$ 也是方程的解，且 $\frac{y_1^*}{y_2^*} \neq c$，因此，方程的通解为

$$y = e^{\alpha x}(C_1\cos\beta x + C_2\sin\beta x).$$

小结：

特征方程 $r^2 + pr + q = 0$ 的根	微分方程 $y'' + py' + qy = 0$ 的解
有两个不相等的实根 $r_1 \neq r_2$	$y = C_1 e^{r_1 x} + C_2 e^{r_2 x}$
有两个相等的实根 $r_1 = r_2$	$y = C_1 e^{r_1 x} + C_2 x e^{r_1 x}$
有一对共轭的虚根 $r_{1,2} = \alpha \pm i\beta$	$y = e^{\alpha x}(C_1\cos\beta x + C_2\sin\beta x)$

例 6-21 求微分方程 $y'' - 2y' - 3y = 0$ 的通解.

解 所给微分方程的特征方程为 $r^2 - 2r - 3 = 0$，即 $(r+1)(r-3) = 0$. 其根 $r_1 = -1$，$r_2 = 3$ 是两个不相等的实根，因此，所求通解为 $y = C_1 e^{-x} + C_2 e^{3x}$.

例 6-22 求方程 $y'' + 2y' + y = 0$ 满足初始条件 $y|_{x=0} = 4$、$y'|_{x=0} = -2$ 的特解.

解 所给方程的特征方程为 $r^2 + 2r + 1 = 0$，即 $(r+1)^2 = 0$. 其根 $r_1 = r_2 = -1$ 是两个相等的实根，因此，所给微分方程的通解为 $y = (C_1 + C_2 x)e^{-x}$.

将条件 $y|_{x=0} = 4$ 代入通解，得 $C_1 = 4$，从而 $y = (4 + C_2 x)e^{-x}$. 将上式对 x 求导，得 $y' = (C_2 - 4 - C_2 x)e^{-x}$.

再把条件 $y'|_{x=0} = -2$ 代入上式，得 $C_2 = 2$. 于是所求特解为 $y = (4 + 2x)e^{-x}$.

例 6-23 求微分方程 $y'' - 2y' + 5y = 0$ 的通解.

解 所给方程的特征方程为 $r^2 - 2r + 5 = 0$. 特征方程的根为 $r_1 = 1 + 2i$，$r_2 = 1 - 2i$，是一对共轭复根，因此所求通解为 $y = e^x(C_1\cos 2x + C_2\sin 2x)$.

6.8 二阶常系数非齐次线性微分方程

二阶常系数非齐次线性微分方程 $y'' + py' + qy = f(x)$（p，q 是常数）的通解是对应的齐次线性方程 $y'' + py' + qy = 0$ 的通解 $y = Y(x)$ 与其本身的一个特解 $y = y^*(x)$ 之和：$y = Y(x) + y^*(x)$.

当 $f(x)$ 为两种特殊形式时，方程的特解的求法如下.

6.8.1 $f(x)=P_m(x)e^{\lambda x}$ 型

当 $f(x) = P_m(x)e^{\lambda x}$（$P_m(x)$ 为 m 次多项式）时，可以猜想，方程的特解也应具有这种形式. 因此，设特解形式为 $y^* = Q(x)e^{\lambda x}$（$Q(x)$ 为 m 次多项式），将其代入方程 $y''+py'+qy = P_m(x)e^{\lambda x}$，得等式

$$Q''(x)+(2\lambda+p)Q'(x)+(\lambda^2+p\lambda+q)Q(x)=P_m(x).$$

（1）如果 λ 不是特征方程 $r^2+pr+q=0$ 的根，则 $\lambda^2+p\lambda+q \neq 0$. 要使上式成立，$Q(x)$ 应为 m 次多项式：$Q_m(x) = b_0 x^m + b_1 x^{m-1}+\cdots+b_{m-1}x+b_m$，通过比较等式两边同次项系数，可确定 $b_0, b_1, \cdots, b_m$，并得所求特解 $y^* = Q_m(x)e^{\lambda x}$.

（2）如果 λ 是特征方程 $r^2+pr+q=0$ 的单根，则 $\lambda^2+p\lambda+q=0$，但 $2\lambda+p \neq 0$，要使等式

$$Q''(x)+(2\lambda+p)Q'(x)+(\lambda^2+p\lambda+q)Q(x) = P_m(x)$$

成立，$Q(x)$ 应设为 $m+1$ 次多项式：$Q(x) = xQ_m(x)$，其中 $Q_m(x) = b_0 x^m + b_1 x^{m-1}+\cdots+b_{m-1}x+b_m$，通过比较等式两边同次项系数，可确定 $b_0, b_1,\cdots, b_m$，并得所求特解 $y^* = xQ_m(x)e^{\lambda x}$.

（3）如果 λ 是特征方程 $r^2+pr+q=0$ 的二重根，则 $\lambda^2+p\lambda+q=0$，$2\lambda+p=0$，要使等式

$$Q''(x)+(2\lambda+p)Q'(x)+(\lambda^2+p\lambda+q)Q(x) = P_m(x)$$

成立，$Q(x)$ 应设为 $m+2$ 次多项式：$Q(x) = x^2 Q_m(x)$，其中 $Q_m(x)=b_0 x^m+b_1 x^{m-1}+\cdots+b_{m-1}x+b_m$，通过比较等式两边同次项系数，可确定 $b_0, b_1, \cdots, b_m$，并得所求特解 $y^* = x^2 Q_m(x)e^{\lambda x}$.

综上所述，得出以下结论：如果 $f(x) = P_m(x)e^{\lambda x}$，则二阶常系数非齐次线性微分方程 $y''+py'+qy=f(x)$ 有形如 $y^* = x^k Q_m(x)e^{\lambda x}$ 的特解，其中 $Q_m(x)$ 是与 $P_m(x)$ 同次的多项式，而 k 按 λ 不是特征方程的根、是特征方程的单根或是特征方程的重根依次取为 0、1 或 2.

例 6 – 24 求微分方程 $y''-2y'-3y=3x+1$ 的一个特解.

解 这是二阶常系数非齐次线性微分方程，且函数 $f(x)$ 是 $P_m(x)e^{\lambda x}$ 型（$P_m(x)=3x+1$，$\lambda=0$）.

所给方程对应的齐次线性方程为 $y''-2y'-3y=0$，它的特征方程为 $r^2-2r-3=0$. 特征根为 $r_1=3$，$r_2=-1$. 由于这里 $\lambda=0$ 不是特征方程的根，所以应设特解为 $y^* = b_0 x + b_1$. 把它代入所给方程，得 $-3b_0 x - 2b_0 - 3b_1 = 3x + 1$，比较两端 x 同次幂的系数，得 $\begin{cases}-3b_0 = 3 \\ -2b_0 - 3b_1 = 1\end{cases}$，由此求得 $b_0 = -1$，$b_1 = \dfrac{1}{3}$. 于是求得所给方程的一个特解为 $y^* = -x + \dfrac{1}{3}$.

例 6 – 25 求微分方程 $y'' - 5y' + 6y = xe^{2x}$ 的通解.

解 所给方程是二阶常系数非齐次线性微分方程，且 $f(x)$ 是 $P_m(x)e^{\lambda x}$ 型（$P_m(x)=x$，$\lambda=2$）.

与所给方程对应的齐次方程为 $y'' - 5y' + 6y = 0$，它的特征方程为 $r^2 - 5r + 6 = 0$. 特征方程有两个实根 $r_1 = 2$，$r_2 = 3$. 于是所给方程对应的齐次方程的通解为 $Y = C_1 e^{2x} + C_2 e^{3x}$.

由于 $\lambda = 2$ 是特征方程的单根，所以应设方程的特解为 $y^* = x(b_0 x + b_1)e^{2x}$.

把它代入所给方程，得 $-2b_0 x + 2b_0 - b_1 = x$. 比较两端 x 同次幂的系数，得

$$\begin{cases}-2b_0 = 1 \\ 2b_0 - b_1 = 0\end{cases},$$

由此求得 $b_0 = -\dfrac{1}{2}$，$b_1 = -1$. 于是求得所给方程的一个特解为 $y^* = x\left(-\dfrac{1}{2}x - 1\right)e^{2x}$.

从而所给方程的通解为 $y = C_1 e^{2x} + C_2 e^{3x} - \dfrac{1}{2}(x^2 + 2x)e^{2x}$.

6.8.2 $f(x) = e^{\lambda x}[P_l(x)\cos\omega x + P_n(x)\sin\omega x]$ 型

如果 $f(x) = e^{\lambda x}[P_l(x)\cos\omega x + P_n(x)\sin\omega x]$，则二阶常系数非齐次线性微分方程
$$y'' + py' + qy = f(x)$$
的特解可设为 $y^* = x^k e^{\lambda x}[R^{(1)}_m(x)\cos\omega x + R^{(2)}_m(x)\sin\omega x]$，其中 $R^{(1)}_m(x)$, $R^{(2)}_m(x)$ 是 m 次多项式，$m = \max\{l, n\}$，而 k 按 $\lambda + i\omega$（或 $\lambda - i\omega$）不是特征方程的根或是特征方程的单根依次取 0 或 1.

例 6 – 26 求微分方程 $y'' + y = x\cos 2x$ 的一个特解.

解 所给方程是二阶常系数非齐次线性微分方程，且 $f(x)$ 属于 $e^{\lambda x}[P_l(x)\cos\omega x + P_n(x)\sin\omega x]$ 型（其中 $\lambda = 0, \omega = 2, P_l(x) = x, P_n(x) = 0$）.

所给方程对应的齐次方程为 $y'' + y = 0$，它的特征方程为 $r^2 + 1 = 0$，特征根 $r_{1,2} = \pm i$.

由于这里 $\lambda + i\omega = 2i$ 不是特征方程的根，所以应设特解为
$$y^* = (ax + b)\cos 2x + (cx + d)\sin 2x.$$

把它代入所给方程，得 $(-3ax - 3b + 4c)\cos 2x - (3cx + 3d + 4a)\sin 2x = x\cos 2x$.

比较两端同类项的系数，得 $a = -\dfrac{1}{3}$，$b = 0$，$c = 0$，$d = \dfrac{4}{9}$.

于是求得一个特解为 $y^* = -\dfrac{1}{3}x\cos 2x + \dfrac{4}{9}\sin 2x$.

例 6 – 27 质量为 m 的物体悬挂在一端固定的弹簧上，当重力和弹性力抵消时，物体处于平衡状态. 若用手向下拉物体，使之离开平衡位置，物体在运动过程中只受弹性恢复力 f 和铅垂干扰力 $F = H\sin pt$，其中，H 为干扰力的振幅，p 为角频率. 取平衡位置为坐标原点，建立坐标系，如图 6 – 6 所示.

解 设物体在 t 时刻所处的位置为 $x(t)$. 根据胡克定律，有 $f = -cx$.

根据牛顿第二运动定律，有 $m\dfrac{d^2 x}{dt^2} = -cx - H\sin pt$，令 $k^2 = \dfrac{c}{m}$，$h = \dfrac{-H}{m}$，问题归结为解无阻尼强迫振动方程，于是有
$$\dfrac{d^2 x}{dt^2} + k^2 x = h\sin pt. \tag{6-3}$$

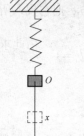

图 6 – 6

该方程对应的齐次线性方程 $\dfrac{d^2 x}{dt^2} + k^2 x = 0$ 的特征方程为 $r^2 + k^2 = 0$，特征根为 $r_{1,2} = \pm ki$. 令 $C_1 = A\sin\varphi$，$C_2 = A\cos\varphi$，对应的齐次线性方程的通解为
$$x = C_1 \sin kt + C_2 \cos kt = A\sin(kt + \varphi).$$

若 $p \neq k$，设式（6-3）的特解为 $x^* = a\sin pt + b\cos pt$，代入式（6-3），得 $a = \dfrac{h}{k^2 - p^2}$，$b = 0$，因此，方程的通解为

$$x = A\sin(kt + \varphi) + \dfrac{h}{k^2 - p^2}\sin pt.$$

其中 $x_1 = A\sin(kt + \varphi)$ 为自由振动的振幅，$x_2 = \dfrac{h}{k^2 - p^2}\sin pt$ 为强迫振动的振幅.

若 $p = k$，设式（6-3）的特解为 $x^* = t(a\sin kt + b\cos kt)$，代入式（6-3），得 $a = 0$，$b = \dfrac{-h}{2k}$. 因此，方程的通解为 $x = A\sin(kt + \varphi) + \dfrac{-h}{2k}t\cos kt$.

随着 t 的增大，强迫振动的振幅 $\dfrac{h}{2k}t$ 可无限增大，这时产生共振现象. 如果要避免共振现象，应使 p 尽量远离 k；要利用共振现象，则应使 p 尽量靠近 k，或让 $p = k$.

对机械来说，共振可能引起破坏，如桥梁损坏、电机机座被破坏等. 但对电磁振荡来说，共振可能起有利的作用，如收音机的调频放大就是利用共振原理.

6.9 知 识 拓 展

6.9.1 分离变量求解微分方程

均匀半空间中的 Rayleigh 方程

下面研究 p 和 SV 波与自由表面相互作用时出现的情况. 对横向均匀的介质，沿 $+x$ 方向传播的平面简谐波的势函数为

$$\varphi = f(z)\mathrm{e}^{\mathrm{i}(\omega t - kx)}, \quad \psi_y = h(z)\mathrm{e}^{\mathrm{i}(\omega t - kx)},$$

其中，$k = \dfrac{\omega}{c}$ 为波数，注意这里的波数是沿 x 方向的波数，为简化，直接写成 k.

根据分离变量法，并且 $f(z)$ 与 x、t 无关，代入波动方程的表达式，可得

$$\dfrac{\mathrm{d}^2 f}{\mathrm{d}z^2} - \left(k^2 - \dfrac{\omega^2}{\alpha^2}\right)f = 0,$$

该方程的特征方程为 $r^2 - \left(k^2 - \dfrac{\omega^2}{\alpha^2}\right) = 0$，其解为 $r = \pm\sqrt{k^2 - \dfrac{\omega^2}{\alpha^2}}$，根据微分方程理论可得

$$f(z) = A\mathrm{e}^{-z\sqrt{k^2 - \dfrac{\omega^2}{\alpha^2}}} + B\mathrm{e}^{z\sqrt{k^2 - \dfrac{\omega^2}{\alpha^2}}}.$$

1）$\dfrac{\mathrm{d}v}{\mathrm{d}r} > 0$ 的情况

当 $\dfrac{\mathrm{d}v}{\mathrm{d}r} > 0$ 时，则曲率半径小于零，此时曲率中心和地球球心在射线的同一侧，射线凹向

地球球心. 此时射线的曲率半径有小于、大于或等于所在圈层地球半径的可能. 对于曲率半径等于所在圈层地球半径的情况, 有 $-\dfrac{1}{r} = -\dfrac{\sin i}{v}\dfrac{\mathrm{d}v}{\mathrm{d}r}$. 可以变换为: $\dfrac{\mathrm{d}v}{\mathrm{d}r} = \dfrac{v}{r\sin i}$. 由于偏垂角 i 与地震射线的选择有关, 与速度分布无关, 为简单起见, 在讨论速度分布对射线路径的影响时, 忽略掉与 i 有关的部分.

考虑 $\dfrac{\mathrm{d}v}{\mathrm{d}r} = \dfrac{v}{r}$ 的情况, 可以变换为: $\dfrac{\mathrm{d}v}{v} = \dfrac{\mathrm{d}r}{r}$. 积分得到 $\ln v + C_v = \ln r + C_r$, 进而有 $\ln\left(\dfrac{v}{r}\right) = \dfrac{C_v}{C_r}$, 解出 $\dfrac{v}{r} = C$. 根据 $p = \dfrac{r\sin i}{v} = \dfrac{\sin i}{C}$, 所以偏垂角保持不变. 代入震中距的微分形式表达式

$$\mathrm{d}\theta = \pm\dfrac{p\mathrm{d}r}{r\sqrt{\dfrac{r^2}{v^2} - p^2}} = \pm\dfrac{\dfrac{\sin i}{C}\mathrm{d}r}{r\sqrt{\dfrac{1}{C^2} - \dfrac{\sin^2 i}{C^2}}} = \pm\dfrac{\sin i\,\mathrm{d}r}{r\sqrt{1 - \sin^2 i}} = \pm\tan i\dfrac{\mathrm{d}r}{r},$$

积分得 $\ln r + C_1 = \pm\theta\tan i + C_2$, 整理得

$$r = \mathrm{e}^{\pm\theta\tan i + C_2 - C_1} = \mathrm{e}^{C_2 - C_1}\mathrm{e}^{\pm\theta\tan i} = a\mathrm{e}^{\pm\theta\tan i} = a\mathrm{e}^{\pm b\theta} \quad (a = \mathrm{e}^{C_2 - C_1}, b = \tan i).$$

此处 a 为积分常数. 该式对应于螺旋线方程. 由此可见地震射线呈螺旋线状卷入地心. 如果偏垂角 i 为 90°, 则 $r = a$, 即地震射线恒绕地球旋转.

按地球半径为 6 371 km 来模拟. 假定地表的传播速度为 13 km/s, $\dfrac{\mathrm{d}v}{\mathrm{d}r} = \dfrac{v}{r}$, 并且地球速度与地球圈层半径之比为常数, 即 13/6 371, 构建速度模型, 研究其中地震波的传播路径.

程序模拟的第一条螺旋线如图 6-7 所示, 其他射线由于 p 参数减小, 初始偏垂角减小, 会更快地卷入地心.

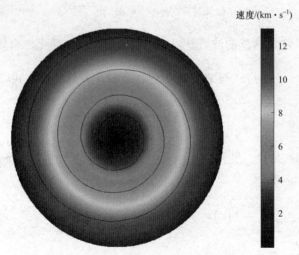

图 6-7 对于 $\dfrac{\mathrm{d}v}{\mathrm{d}r} = \dfrac{v}{r}$ 的情况模拟的第一条射线路径

考虑 $\dfrac{\mathrm{d}v}{\mathrm{d}r} > \dfrac{v}{r}$ 的情况，曲率半径比起 $\dfrac{\mathrm{d}v}{\mathrm{d}r} = \dfrac{v}{r}$ 会更小，即射线弯曲得更厉害，此时射线更快地向地心旋转。保持 $\dfrac{\mathrm{d}v}{\mathrm{d}r} = \dfrac{v}{r}$ 情况模拟的速度模型的速度变化率，并将速度值减去 0.2 km/s，使得 $\dfrac{v}{r} < \dfrac{\mathrm{d}v}{\mathrm{d}r}$，模拟的第一条射线路径如图 6-8 所示。此时的第一条射线更快地卷入地心，验证了上面分析的结果。

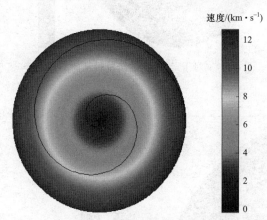

图 6-8　对于 $\dfrac{\mathrm{d}v}{\mathrm{d}r} > \dfrac{v}{r}$ 的情况模拟的第一条射线路径

如果 $0 < \dfrac{\mathrm{d}v}{\mathrm{d}r} < \dfrac{v}{r}$，射线的曲率半径大于相应圈层界面半径，此时射线会射出地表。射线与地表有两个交点，保持 $\dfrac{\mathrm{d}v}{\mathrm{d}r} = \dfrac{v}{r}$ 情况模拟的速度模型的速度变化率，并将速度值增加 1 km/s，使得 $\dfrac{v}{r} > \dfrac{\mathrm{d}v}{\mathrm{d}r}$。在这种情况下每条射线会出现与地球曲面相切的情况，该条射线的后面的路径与前面的情况对称。

模拟的结果如图 6-9 所示。可见地震射线会出现与地球圈层相切的情况，会出现对称的路径到达地表。

2) $\dfrac{\mathrm{d}v}{\mathrm{d}r} < 0$ 的情况

当 $\dfrac{\mathrm{d}v}{\mathrm{d}r} < 0$ 时，$\rho > 0$，射线凸向球心。这时速度随深度增加（半径 r 减小）而增加，每一条射线都有一个最低点而且都是向上弯曲的。假定地核之上的地震波速度从地表的 2 km/s 随着深度的增加（半径的减小）线性增加至 13 km/s，而地核中的速度较低，模拟地震波在地幔速度随半径线性变化的地震波走时曲线如图 6-10 所示。

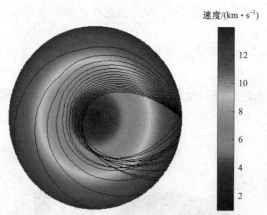

图 6-9 对于 $\dfrac{\mathrm{d}v}{\mathrm{d}r} < \dfrac{v}{r}$ 的情况模拟的射线路径

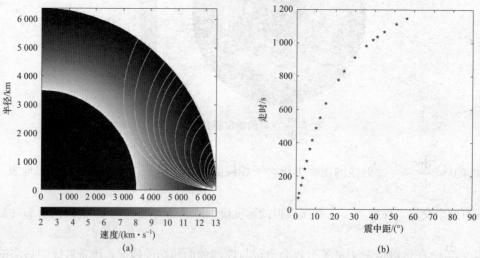

图 6-10 模拟的地幔中速度随深度线性增加的射线路径和走时曲线

图 6-10 (a) 为所模拟的射线路径,可见这种速度分布的地震射线全部凸向地心,从而弯曲射出地表. 图 6-10 (b) 为模拟的走时曲线.

地震波衰减是由介质损耗引起的. 在讨论介质的损耗性质时,通常引入电工学中的品质因子 Q 来表征,Q 定义为一个周期的损耗能量与周期内的平均能量的比值:$\dfrac{2\pi}{Q(\omega)} = -\dfrac{\Delta E}{E}$. 其中,$\Delta E$ 为一个周期的能量损耗. E 为地震波在同一周期内的平均能量. 因此,上式可以表达为 $Q = \dfrac{-2\pi E}{\Delta E} = \dfrac{-2\pi E}{T\dfrac{\mathrm{d}E}{\mathrm{d}t}}$,分离变量得到 $\dfrac{\mathrm{d}E}{E} = \dfrac{-2\pi}{QT}\mathrm{d}t$,能量的表达式为 $E = E_0 \mathrm{e}^{-2\pi t/QT}$,其中,$E_0$ 为 $t=0$ 时刻的振动能量.

图 6-11 为不同频率的波在空间衰减的模拟.

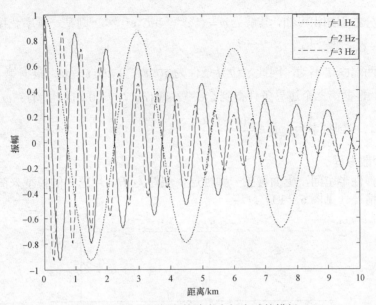

图6-11　不同频率的波在空间衰减的模拟

图6-12为不同传播速度的地震波衰减模拟.

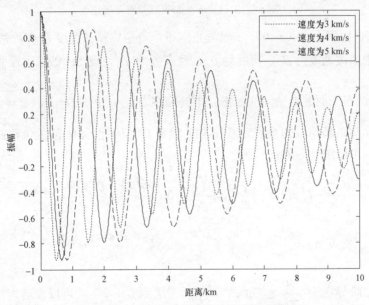

图6-12　不同传播速度的地震波衰减模拟

6.9.2　二阶线性非齐次微分方程

振动的弦的波动方程为 $\dfrac{\partial^2 u}{\partial x^2}=\dfrac{1}{c^2}\dfrac{\partial^2 u}{\partial t^2}$.

令 $u(x,t)=\varphi \mathrm{e}^{\mathrm{i}\omega t}$，可以得到 $\varphi''+\dfrac{\omega^2}{c^2}\varphi=0$.

根据常微分方程知识可知，其解为 $\varphi = C_1\mathrm{e}^{\mathrm{i}\omega x/c} + C_2\mathrm{e}^{-\mathrm{i}\omega x/c}$。则某一频率弦振动位移可以表达为 $u(\omega,x,t) = C_1\mathrm{e}^{\mathrm{i}\omega(t+x/c)} + C_2\mathrm{e}^{\mathrm{i}\omega(t-x/c)}$。

由于弦的两端固定不动，因此，边界条件为 $u(o,t)=0, u(L,t)=0$，根据第一个边界条件，得到 $C_1 = -C_2$，根据第二个边界条件得到 $C_1\mathrm{e}^{\mathrm{i}\omega t} 2\mathrm{i}\sin(\omega L/c) = 0$，因此，有：$\omega L/c = (n+1)\pi$，$n = 0,1,2,\cdots,\infty$，得到频率为：$\omega = \dfrac{c(n+1)\pi}{L}$。

Love 波频散方程

设有均匀弹性半空间，上面覆盖一弹性层，层厚为 H，用这样的模型来简单描述地壳覆盖在上地幔的情况（见图 6-13）。

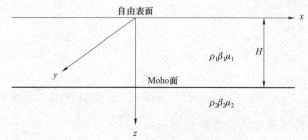

图 6-13 Love 波的坐标及符号规定

取 x, y 在自由表面上（$z=0$），z 轴垂直向下，令层中横波速度为 β_1，密度为 ρ_1，令半空间（地幔）中横波速度为 β_2，密度为 ρ_2，且有 $\beta_1 < \beta_2$，设 SH 波在上覆弹性层（地壳）中的位移为 u_{y_1}，在下面的半空间（地幔）中的位移为 u_{y_2}。令 $\varphi(z) = E\mathrm{e}^{\mathrm{i}\omega\left(\pm\frac{\cos i_s}{\beta}z\right)}$，$\dfrac{\sin i_s}{\beta}$ 为水平方向的慢度，与角频率 ω 的乘积为沿 x 轴的波数 k_x，因此，SH 波的位移在地壳和地幔中的位移 u_{y_1}、u_{y_2} 可以统一写为 u_y，则

$$\dfrac{\partial^2 u_y}{\partial x^2} = -k_x^2\varphi(z)\mathrm{e}^{\mathrm{i}(\omega t-k_x x)},\quad \dfrac{\partial^2 u_y}{\partial y^2} = 0,\quad \dfrac{\partial^2 u_y}{\partial z^2} = \dfrac{\partial^2\varphi(z)}{\partial z^2}\mathrm{e}^{\mathrm{i}(\omega t-k_x x)},$$

可以得到

$$\nabla^2 u_y = \dfrac{\partial^2 u_y}{\partial x^2} + \dfrac{\partial^2 u_y}{\partial y^2} + \dfrac{\partial^2 u_y}{\partial z^2} = -\left(k_x^2 - \dfrac{\partial^2\varphi(z)}{\partial z^2}\right)\mathrm{e}^{\mathrm{i}(\omega t-k_x x)}.$$

对时间的二阶导数为 $\dfrac{\partial^2 u_y}{\partial t^2} = -\omega^2\mathrm{e}^{\mathrm{i}(\omega t-k_x x)}$，考虑到 $\beta = \sqrt{\dfrac{\mu}{\rho}}$，可以表达为

$$\dfrac{\mathrm{d}^2\varphi(z)}{\mathrm{d}z^2} - \left(k_x^2 - \dfrac{\omega^2}{\beta_1^2}\right)\varphi(z) = 0.$$

该方程的特征方程为 $r^2 - \left(k_x^2 - \dfrac{\omega^2}{\beta_1^2}\right) = 0$，其解为 $r = \pm\sqrt{k_x^2 - \dfrac{\omega^2}{\beta_1^2}}$，因此，有

$$\varphi(z) = A\mathrm{e}^{z\sqrt{k_x^2 - \frac{\omega^2}{\beta_1^2}}} + B\mathrm{e}^{-z\sqrt{k_x^2 - \frac{\omega^2}{\beta_1^2}}},$$

其中 A，B 为常数. 因此，上覆弹性层（地壳）中的位移为

$$u_{y_1} = \left(Ae^{z\sqrt{k_x^2 - \frac{\omega^2}{\beta_1^2}}} + Be^{-z\sqrt{k_x^2 - \frac{\omega^2}{\beta_1^2}}}\right)e^{\mathrm{i}(\omega t - k_x x)}.$$

同理可以得到地幔中的位移为 $u_{y_2} = \left(Ce^{-z\sqrt{k_x^2 - \frac{\omega^2}{\beta_2^2}}} + De^{z\sqrt{k_x^2 - \frac{\omega^2}{\beta_2^2}}}\right)e^{\mathrm{i}(\omega t - k_x x)}.$

本 章 习 题

1. 填空题

（1）微分方程 $x\mathrm{d}y - (x^2\mathrm{e}^{-x} + y)\mathrm{d}x = 0$ 的通解是_____.

（2）微分方程 $xy' + y = 0$ 满足初始条件 $y(1) = 1$ 的特解是_____.

（3）设非齐次线性微分方程 $y' + P(x)y = Q(x)$ 有两个不同的解 $y_1(x)$、$y_2(x)$，C 是任意常数，则该方程的通解是_____.

  A. $C[y_1(x) + y_2(x)]$ B. $C[y_1(x) - y_2(x)]$
  C. $y_1(x) + C[y_1(x) - y_2(x)]$ D. $y_1(x) + C[y_1(x) + y_2(x)]$

（4）微分方程 $y'' + 4y = \sin 2x$ 的一个特解形式是_____.

  A. $C\cos 2x + D(\sin 2x)$ B. $D(\sin 2x)$
  C. $x[C\cos 2x + D(\sin 2x)]$ D. $x \cdot D(\sin 2x)$

（5）设 3 个线性无关函数 y_1、y_2、y_3 都是二阶线性非齐次微分方程 $y'' + Py' + Qy = f(x)$ 的解，C_1、C_2 是独立的任意常数，则该方程的通解是_____.

  A. $C_1 y_1 + C_2 y_2 + y_3$ B. $C_1 y_1 + C_2 y_2 - (C_1 + C_2) y_3$
  C. $C_1 y_1 + C_2 y_2 - (1 - C_1 + C_2) y_3$ D. $C_1 y_1 + C_2 y_2 - (1 - C_1 - C_2) y_3$

2. 计算题

1）解下列一阶微分方程.

（1）$(1 + y^2)\mathrm{d}x = xy(x+1)\mathrm{d}y$； （2）$\left(x + y\cos\dfrac{y}{x}\right)\mathrm{d}x = x\cos\dfrac{y}{x}\mathrm{d}y$；

（3）$xy' + 2y = \sin x$；   （4）$\tan y\mathrm{d}x = (\sin y - x)\mathrm{d}y$.

2）解下列二阶微分方程.

（1）$y'' + 3y' + 2y = 2x^2 + x + 1$；（2）$y'' + 2y' - 3y = 2\mathrm{e}^x$；（3）$y'' + y = x + \cos x$.

3）设连续函数 $f(x)$ 满足 $f(x) = 2x\int_0^1 f(tx)\mathrm{d}t + \mathrm{e}^{x^2}(1-x)$，且 $f(0) = 1$，求 $f(x)$.

参 考 文 献

［1］同济大学数学系. 高等数学［M］：上册. 7版. 北京：高等教育出版社，2014.
［2］张卓奎，王金金. 高等数学［M］：上册. 3版. 北京：北京邮电大学出版社，2017.
［3］同济大学数学系. 高等数学习题全解指南［M］. 北京：高等教育出版社，2014.
［4］万永革. 地震学导论. 北京：科学出版社，2016.
［5］HANKS T C, KANAMORI H. A moment magnitude scale[J]. Journal of geophysical research: solid earth, 1979, 84(B5): 2348 – 2350.
［6］邓起东，冉永康，杨晓平，等. 中国活动构造图［M］. 北京：地震出版社，2007.
［7］郭履灿，庞明虎. 面波震级和它的台基校正值. 地震学报[J]，1981（3）：312 – 320.
［8］张培震，邓起东，张国民，等. 中国大陆的强震活动与活动地块[J]. 中国科学（D辑：地球科学），2003（S1）：12 – 20.